中国电子教育学会高教分会推荐·大数据系列教材
高等学校新工科应用型人才培养规划教材

大数据处理与智能决策

主 编 利 节
副主编 谢 鑫 吕 博

西安电子科技大学出版社

内 容 简 介

本书向读者介绍大数据处理与智能决策的入门知识,其特点在于摒弃了智能算法繁琐枯燥的数学推导,聚焦于知识的理解与实践,以培养读者的项目开发能力与工程实践能力为目标。本书的主要内容包括线性回归算法、聚类算法、分类算法的概况和典型算法的分析与实现,以及 TensorFlow 在大数据处理与智能决策中的经典应用。

本书介绍的算法和工具都需要动手实践才能更好地理解,因此在每种算法详解后都附有当前最常用的两种编程语言(Matlab 和 Python)示例,让读者边学边做,这样才能更好地掌握大数据处理与智能决策的基础知识。

本书没有过多的数学公式,简单易懂,可作为应用型本科和高等职业院校的教材,也可作为对大数据处理与智能决策感兴趣的读者的入门级书籍。

图书在版编目(CIP)数据

大数据处理与智能决策/利节主编. —西安:西安电子科技大学出版社,2020.8
ISBN 978 - 7 - 5606 - 5718 - 9

Ⅰ. ① 大… Ⅱ. ① 利… Ⅲ. ① 数据处理—关系—智能决策—决策支持系统—研究
Ⅳ. ① TP274 ② C934

中国版本图书馆 CIP 数据核字(2020)第 092159 号

策划编辑	李惠萍
责任编辑	王少龙 马晓娟
出版发行	西安电子科技大学出版社(西安市太白南路 2 号)
电　话	(029)88242885　88201467　邮　编　710071
网　址	www.xduph.com　　电子邮箱　xdupfxb001@163.com
经　销	新华书店
印刷单位	咸阳华盛印务有限责任公司
版　次	2020 年 8 月第 1 版　2020 年 8 月第 1 次印刷
开　本	787 毫米×1092 毫米　1/16　印张　8
字　数	183 千字
印　数	1～3000 册
定　价	20.00 元

ISBN 978 - 7 - 5606 - 5718 - 9 / TP

XDUP　6020001 - 1

＊＊＊如有印装问题可调换＊＊＊

前　言

随着近年来数据存储能力和数据生成能力的增强，越来越多的行业运用大数据的预处理方法来提高企业效益，并为政府和企业提供智能决策辅助。数据是宝藏，但如果没有有效的挖掘工具，那也只能望而止步。近两年，大数据分析与智能决策受到火热追捧，各省市及其区县相继成立了独立的大数据机构，可见从政府层面到企业应用都已高度重视大数据。因此，培养大数据方向的人才刻不容缓。

经过两年的大数据课程教学，我们发现市面上现有的相关书籍都尽量地囊括数据挖掘的所有算法，篇幅过长且没有重点，让初学者感到很深奥，适合本科教学的教材甚少。本书从大数据分析的基础知识开始讲述，意在为初学者引入数据处理的概念，并通过实际操作扩展数据处理的思维。

本书在写作中秉承了由点及面、理论结合实践的思想。全书共分为 7 章，前 3 章是基础知识和数据的预处理，后 4 章分别介绍了 3 类典型算法以及大数据集下的机器学习案例。各章具体安排如下：第 1 章介绍大数据处理的特点与大数据处理方法；第 2 章介绍大数据处理与智能决策所需要的基础数学知识，包括向量与矩阵、协方差与相关系数；第 3 章介绍数据预处理的方法；第 4 章介绍线性回归算法，并以一元线性回归算法为例进行分析与实现；第 5 章介绍聚类算法，并以 K-means 算法为例进行分析与实现；第 6 章介绍分类算法，并以 KNN 算法为例进行分析与实现；第 7 章首先介绍大数据分析的运行框架和环境，并以一元线性回归算法为例演示了如何进行大数据分析，最后对深度学习进行了介绍，并以卷积神经网络为例进行分析。

在本书长达一年时间的编写过程中，得到了来自家人、同事以及西安电子科技大学出版社李惠萍编辑的支持和鼓励，在此表示感谢！感谢谢鑫、吕博的合作编写。感谢林煜婷、曹思情、王浻丁三位学生对本书进行校稿。

最后，希望本书的出版，能为大数据专业学生以及广大大数据处理与智能决策爱好者和开发者提供帮助。

利　节

2020 年 6 月于重庆

目　录

第1章　导　　论

本章作为整本书的导论，主要介绍大数据的特点，并对大数据处理方法进行概述。在大数据处理方法概述中，进一步介绍了目前机器学习领域和数据挖掘领域中针对大数据特点提出的新型算法。因"4V"（Volume，Velocity，Variety，Value）等特性，传统的数据处理方法并不完全适用于大数据处理。本章的目标在于让读者建立起关于大数据规模、大数据特点的基本概念，同时帮助读者了解常见的大数据处理方法的特点，为深入学习"大数据处理与智能决策"课程打好基础。

1.1　大数据处理的特点

互联网数据中心（Internet Data Center，IDC）预测，全球的数据总量将在 2020 年达到 40ZB。40ZB 的数据量到底是多少呢？IDC 给出了一个比喻：40ZB 的数据量相当于全球所有沙滩上沙粒总数的 57 倍。但在如此浩如烟海的数据中，只有不到 1‰ 的数据得到了有效分析。数据就像是一座沉睡的宝藏，它需要我们利用大数据这一新架构、新工具，点石成金，变废为宝。

1965 年 4 月 19 日，时任仙童半导体公司工程师，后来创建英特尔公司的戈登·摩尔在著名的《电子学》杂志上发表文章，预言半导体芯片上集成的晶体管和电阻数量将每年增加 1 倍。10 年后，摩尔在 IEEE 国际电子组件大会上将他的预言修正为半导体芯片上集成的晶体管和电阻数量将每两年增加 1 倍，这就是著名的"摩尔定律"。谁也想不到，这个预言犹如一只看不见的大手推动着半导体行业在半个世纪里飞速发展，并见证了以此为基础的 IT 产业的蓬勃发展。

那么大数据的本质又是什么？我们为什么要单独提出"大数据"这个概念呢？它和传统的数据存储方法到底不同在哪里？它的起源是什么？这一系列的问题，我们接下来将逐一回答。

1.1.1　业务驱动大数据发展

为什么在官方的健康组织还未发布健康趋势之前，Google 就能利用它的搜索引擎准确地预测流行病的爆发？大数据给所有人都上了一课，也让我们更加坚信数据本身是有价值的，关键是如何处理、分析和使用它[①]。

就像云计算并不是一种新的技术，而是一种新的 IT 消费模式一样，大数据也不是简单的技术组合，而是对企业商业模式的颠覆和再造，对业务的创新和发展起到了强大的推动

---

① 相关来源：云栖社区，作者轩墨。https://yq.aliyun.com/articles/209185。

作用。这样的例子已经比比皆是。

比如，为了应对激烈的市场竞争，中信银行信用卡中心迫切需要建立一个以数据仓库为核心的分析平台，实现业务数据的集中和整合，以支持多样化和复杂化的数据分析。在部署了大数据应用系统之后，中信银行信用卡中心实现了近似实时的商业智能（BI）和秒级营销的功能，运营效率得到全面提升。

再比如，广东地税依托大数据平台推出的网络发票，能够实时采集纳税人的开票数据，监控纳税人的开票情况，向社会公开开票查询信息，为公众提供查验发票真伪的服务，实现了对纳税人经营行为的全面监控。同时，广东地税依托大数据平台还实现了对地税干部的税收执法和行政管理的全程分析监控，有效防控了各类执法和廉政风险情况的发生。

在互联网、金融、电信、能源、医疗、视频监控等众多行业中，大数据正日益显现出其独特的价值。在企业内部，大数据可以为企业提供更科学的决策依据；在企业外部，大数据还可以通过收集客户信息从而建立 360°客户视图，让企业实现精准化营销。从表面上看，大数据带来的是一种技术上的变革，它有效地提高了企业和社会的生产力，而在这种技术变革的背后是业务需求使然，是人们对提高效率的不断追求在推动着这种变革的发生。

1.1.2 大数据的"4V"特征

经济全球化的趋势促进了大数据的应用需求。企业的管理者需要借助大量的数据，通过实时分析来提高企业内部的工作效率，同时还要与客户保持密切的关系，进一步提高客户满意度。商业模式的转变、营销手段的丰富，要求企业不能在旧有的基础架构平台上缝缝补补，大数据需要一个全新的、高效的基础架构平台。

那么构建一个可用的大数据系统，应该从何处入手呢？

现在，人们已经基本认同了大数据"4V"的特征：第一是 Volume，表明数据的体量巨大，企业处理的信息总量已经从 TB 级别跃升到 PB 级别；第二是 Variety，表明数据类型繁多，包括结构化、非结构化等类型的数据，尤其是非结构化数据的大幅增长对传统的处理结构化数据为主的架构带来了巨大冲击；第三是 Velocity，表明实时处理是大数据的一个典型特征，这也正是它区别于传统数据挖掘技术的关键所在；第四是 Value，表明数据是有价值的，这也是大数据挖掘的最终目标。

"4V"虽然准确地描述出了大数据的基本特点，但"4V"并没有从逻辑的角度将大数据应用的递进关系明确地展示出来。正是基于这一点，以华为为代表的大数据企业抛出了金字塔形"4V"理论，展现了从 Volume 到 Velocity 再到 Variety，最终到 Value 的层次化、递进式地创造大数据价值的方法论。具体来说，第一，企业需要建立一个能够高效处理海量数据的存储架构平台，它既能处理大量的小文件，也能处理单体较大的文件；第二，这个存储架构平台要具备极高的处理性能，因为大数据对实时处理的要求非常高；第三，这个存储架构平台要能够处理多样化的数据，包括结构化数据和非结构化数据。只有在此基础上，企业用户才能在一个高效的专门为大数据构建和优化的平台上进行数据分析和挖掘，并最终获得所需的价值。

大数据价值的实现是一个逐层深入的过程，但前提是建立一个高效的存储架构平台，因为它是大数据落地的基础。

1.2　大数据处理方法概述

1.2.1　大数据的分析处理方法

从大数据的"4V"特征中我们可以看出，对大数据的分析处理不单单是进行简单的分析和处理，而是要从中挖掘出有价值的信息[①]。只有对大数据进行科学的分析处理才能获取更多智能的、深入的、有价值的信息。

目前越来越多的应用涉及大数据，而这些大数据的属性，包括数量、速度、多样性等都体现出了大数据不断增长的复杂性，所以大数据的分析处理方法在大数据领域就显得尤为重要，可以说它是决定最终信息是否有价值的决定性因素。基于此认识，我们归纳出对大数据进行分析处理的主要方法如下：

（1）可视化分析法。对大数据进行分析处理的人员有大数据分析专家，还有普通用户，他们二者对大数据分析处理最基本的要求就是可视化分析，因为可视化分析能够直观地呈现出大数据的特点，同时也非常容易被读者所接受，如同看图说话一样简单明了。

（2）数据挖掘算法。大数据分析处理的理论核心是数据挖掘算法，基于不同的数据类型和格式选用相应的数据挖掘算法，才能更加科学地呈现出数据本身具备的特点。一方面，正是这种被全世界统计学家所公认的数据挖掘算法才能使人们深入数据内部，挖掘出数据被公认的价值；另一方面，也正是因为有这些数据挖掘算法，才能使人们更快速地处理大数据。如果一个算法需要花上好几年才能得出结论，那么大数据的价值也就无从说起了。

（3）预测性分析法。大数据分析处理最重要的应用领域之一就是预测性分析，从大数据中挖掘出数据特点，建立科学的模型，之后通过模型带入新的数据，从而可以预测未来的数据。

（4）数据预处理法。数据的预处理是指对所收集到的数据进行分类或分组前所做的审核、筛选、排序等必要的处理。现实世界中的数据大体上都是不完整、不一致的"脏数据"，无法直接进行数据挖掘，或挖掘结果不尽如人意。为了提高数据挖掘的质量，产生了数据预处理技术。数据预处理有多种方法：数据清理、数据集成、数据变换、数据归约等。这些数据预处理技术在数据挖掘之前使用，大大提高了数据挖掘方法的质量，降低了实际挖掘所需要的时间。

（5）数据质量和数据管理。大数据分析处理离不开数据质量和数据管理，高质量的数据和有效的数据管理，无论是在学术研究还是在商业应用领域，都能够保证分析结果的真实性和价值性。

大数据分析处理的基础方法就是以上五个方面，如果更加深入地学习和研究大数据的分析处理方法，则还会有更多更有特点的、深入的、专业的大数据分析处理方法。

1.2.2　数据预处理

因为数据库太大，并且多半来自多个异种数据源，所以实际中的数据库极易受噪声、

[①] 相关来源：CSDN 技术社区，作者 xxcheng。https：//blog.csdn.net/cloudjs/article/details/3809 6115。

缺失值和不一致数据的侵扰。由于低质量的数据会导致数据挖掘结果质量偏低，因此产生了大量的数据预处理技术，比如：

（1）数据清理，用来清除数据中的噪声，纠正数据中的不一致。

（2）数据集成，将数据由多个数据源合并成一个一致的数据存储，如数据仓库。

（3）数据归约，通过聚集、删除冗余特征或聚类来降低数据的规模。

（4）数据变换，通过变换使得数据规范化，用来把数据压缩到较小的区间。例如将整个数据集的数值范围压缩至 0.0 到 1.0 之间。

在数据预处理阶段，主要做以下两件事情：

第一，将数据导入处理工具。通常使用数据库，单机跑数（单机上跑多个虚拟机）搭建 MySQL 环境。如果数据量大（千万级以上），可以使用文本文件存储＋Python 操作的方式。

第二，观察数据。这里主要包含两个部分：一是观察元数据，包括字段解释、数据来源、代码表等一切描述数据的信息；二是抽取一部分数据，使用人工查看的方式，对数据本身进行直观的了解，初步发现一些问题，为之后的进一步处理做好准备。

1.2.3　机器学习和数据挖掘

机器学习（Machine Learning，ML）这门学科所关注的问题是：计算机程序如何随着经验积累自动提高性能。近年来，机器学习已被成功地应用于诸多领域，从检测信用卡交易欺诈的数据挖掘程序，到获取用户阅读兴趣的信息过滤系统，再到能在高速公路上自动驾驶的汽车等。与此同时，这门学科的基础理论和算法等方面的研究也有了重大进展。

机器学习的核心是：使用算法解析数据，从中学习，然后对某件事情做出抉择或预测。这意味着，与其显式地编写程序来执行某些任务，不如教计算机如何开发一个算法来完成任务。这就需要进行机器学习。机器学习的主要类型有三种：监督学习、无监督学习和强化学习，这三种类型都有其特定的优点和缺点[①]。

监督学习涉及一组标记数据。计算机可以使用特定的模式来识别每种标记类型的新样本。监督学习的两种主要类型是分类和回归。在分类类型中，机器被训练成能将一大组数据（对象）划分为特定的类。分类的一个简单例子就是电子邮件账户上的垃圾邮件过滤器。过滤器分析用户以前标记过的垃圾电子邮件，并将它们与新邮件进行比较。如果它们的匹配率达到一定的百分比，这些新邮件将被标记为垃圾邮件并发送到适当的文件夹。那些比较结果为"不相似"的电子邮件将被归类为正常邮件并发送到用户的邮箱。在回归类型中，机器使用先前的（标记过的）数据来预测未来，天气应用程序就是回归应用的典型例子。使用气象事件的历史数据（即平均气温、湿度和降水量等），天气应用程序在查看当前天气的同时也可以对未来一段时间内的天气进行预测。

在无监督学习中，数据是无标签的。真实世界中，大多数的数据都没有标签，因此这类算法特别有用。无监督学习的主要类型为聚类和降维。聚类用于根据属性和行为对象进行分组，如将一个组划分成不同的子组（例如，基于年龄和婚姻状况将一群人分成不同的子组），然后应用到有针对性的营销方案中。降维则是通过找到共同点来减少数据集的变量。

---

① 相关来源：CSDN 技术社区，机器学习算法与 Python 学习公众号。https：//blog. csdn. net/qq_28168421/article/details/82598995。

大多数大数据可视化时使用降维的方法来识别其趋势和规则。

强化学习是从机器自身的历史和经验来做出决定的，强化学习的经典应用是玩游戏。与监督学习和无监督学习不同，强化学习不涉及提供"正确的"答案或输出，它只关注性能。比如，一台下棋的电脑可以学会不把它的国王移到对手的棋子能够进入的空间。然后，国际象棋的这一基本规则就可以被扩展和推断出来，直到机器能够对抗（并最终击败）人类顶级玩家为止。

机器学习是人工智能的一个分支。人工智能致力于创造出比人类更擅长完成复杂任务的机器。这些任务通常涉及判断、策略和认知推理等，这些技能最初被认为是机器的"禁区"。虽然这些技能听起来很简单，但其涉及的范围非常大，包括语言处理、图像识别、规划等。

近年来，数据挖掘引起了信息产业界的极大关注。其主要原因是存在大量数据可以被广泛使用，并且人们迫切需要将这些数据转换成有用的信息和知识。人们通过这些数据所获取的信息和知识可以广泛应用于各种领域，包括商务管理、生产控制、市场分析、工程设计和科学探索等。

1. 机器学习的发展历史

自从计算机问世以来，人们就在思考和探索它们能不能自我学习。如果理解了它们学习的内在机制，即怎样使它们根据经验来自动提高，那么由此产生的影响将是空前的。想象一下：未来，计算机能从医疗记录中学习，以获取治疗新疾病最有效的方法；住宅管理系统能分析住户的用电模式，从而降低能源消耗；个人软件助理能跟踪用户的兴趣，并为其选择最感兴趣的在线早间新闻……对计算机学习的成功理解将开辟出许多全新的应用领域，并使其计算能力和可定制性上升到新的层次。同时，透彻理解机器学习的信息处理算法，也会有助于更好地帮助人们理解人类的学习能力（及缺陷）。

目前，人们还不知道怎样使计算机具备和人类一样强大的学习能力。然而，一些针对特定学习任务的算法已经产生，关于学习的理论认识已开始逐步形成。人们已开发出很多实践性的计算机程序来实现不同类型的学习，一些有关机器学习的商业化的应用也已经出现。例如，对于语音识别这样的课题，迄今为止，基于机器学习的算法明显胜过其他的方法。在数据挖掘领域，机器学习算法理所当然地被用来从包含设备维护记录、借贷申请、金融交易、医疗记录等类信息的大型数据库中发现有价值的信息。随着人们对计算机认识的日益加深，机器学习必将在计算机科学和技术中扮演越来越重要的角色！

机器学习使用特定的算法和编程方法来实现人工智能。机器学习最早的发展是 Thomas Bayes 在 1783 年发表的同名理论——贝叶斯定理。贝叶斯定理发现了某个事件在给定历史数据的情况下发生的可能性。这是机器学习的贝叶斯分支的基础，它可以根据以前的信息寻找最可能发生的事件。换句话说，贝叶斯定理只是一个从经验中学习的数学方法，是机器学习的基本思想。几个世纪后，到 1950 年，计算机科学家 Alan Turing 提出了所谓的图灵测试：计算机必须通过文字与一个人对话，让这个人以为他（她）在和另一个人说话。图灵认为，只有通过这个测试，机器才能被认为是"智能的"。1952 年，Arthur Samuel 开发了第一个真正的机器学习程序：一个简单的棋盘游戏。计算机能够从以前的游戏中学习策略，提高它的下棋技巧。之后是 Donald Michie 在 1963 年推出的强化学习的 tic-tac-toe 程序。在接下来的几十年里，机器学习的进步遵循了同样的模式——一项技术的突破会导致产生

更新的、更复杂的计算机。

　　机器学习在 1997 年达到巅峰，当时 IBM 国际象棋电脑深蓝(Deep Blue)在一场国际象棋比赛中击败了世界冠军加里·卡斯帕罗夫(Garry Kasparov)。谷歌也专注于中国古代棋类游戏，并开发了围棋计算机 AlphaGo。围棋被普遍认为是世界上最难的游戏，尽管其被认为过于复杂，以至于一台电脑无法掌握，但在 2016 年，AlphaGo 终于获得了胜利，在一场五局制的比赛中击败了李世石(见图 1-1)。

图 1-1　AlphaGo 击败李世石　①

　　机器学习最大的突破是 2006 年的深度学习。深度学习是一类机器学习，目的是模仿人脑的思维过程。深度学习的出现引出了我们今天使用的许多技术。比如，当我们把一张照片上传到自己的网络社交平台上时，平台会使用神经网络来识别照片中的面孔。当我们问自己的 iPhone 关于今天的棒球成绩时，我们的话语会被一种复杂的语音解析算法进行分析。如果没有深度学习，这一切都是不可能的。

　　机器学习致力于研究建立能够根据经验自主提高处理性能的计算机程序，机器学习算法在很多应用领域被证明很有实用价值。笔者总结发现机器学习在以下方面特别有用：

　　(1) 数据挖掘方面，即从大量数据中发现可能包含在其中的有价值的规律(例如，从患者数据库中分析疾病治疗的结果，或者从财务数据中得到信用贷款的普遍规则)；

　　(2) 在某些困难的领域中，人们可能还不具有开发出高效的算法所需的知识(例如，从图像库中识别出人脸)；

　　(3) 计算机程序必须动态地适应变化的领域(例如，在原料供给变化的环境下进行生产过程控制，或适应个人阅读兴趣的变化)。

　　机器学习从不同的学科吸收概念，包括人工智能、概率论和统计、计算复杂性、信息论、心理学和神经生物学、控制论以及哲学等。一个完整定义的学习问题需要一个明确界定的任务、性能度量标准以及训练经验的来源。机器学习算法的设计过程中包含许多选择，其中包括选择训练经验的类型、要学习的目标函数、该目标函数的表示形式以及从训练样例中学习目标函数的算法。

　　机器学习的过程即搜索的过程，搜索包含可能假设的空间，使得到的假设最符合已有的训练样例和其他预先的约束或知识。本书的大部分内容围绕着搜索各种假设空间(例如，包含数值函数、神经网络、决策树、符号规则的空间)的不同学习方法，以及探讨理论上这

―――――――――

① 图片来源于新华网。http://www.xinhuanet.com/2017-05/27/c-136320660.htm。

些搜索方法在什么条件下会收敛到最佳假设。

2. 数据挖掘与机器学习的联系与区别

数据挖掘算法是根据数据创建数据挖掘模型的一组试探法和计算实现。为了创建模型，算法将首先分析所提供的数据，并查找特定类型的模式和趋势。

从数据分析的角度来看，数据挖掘与机器学习有很多相似之处，但不同之处也十分明显，例如，数据挖掘并没有机器学习探索人的学习机制这一科学发现任务，数据挖掘中的数据分析是针对海量数据进行的。从某种意义上说，机器学习的科学成分更重一些，而数据挖掘的技术成分更重一些。

机器学习是一门多领域交叉学科，涉及概率论、统计学、逼近论、凸分析、算法复杂度理论等多门学科。它专门研究计算机是怎样模拟或实现人类的学习行为，以获取新的知识或技能，重新组织已有的知识结构，使之不断改善自身的性能。

数据挖掘是从海量数据中获取有效的、新颖的、潜在有用的、最终可理解的模式的非平凡过程。数据挖掘中会用到大量的机器学习界提供的数据分析技术和数据库界提供的数据管理技术。

学习能力是智能行为的一个非常重要的特征，不具有学习能力的系统很难称之为一个真正的智能系统，而机器学习则希望（计算机）系统能够利用经验来改善自身的性能，因此该领域一直是人工智能的核心研究领域之一。在计算机系统中，"经验"通常是以数据的形式存在的，因此，机器学习不仅涉及对人的认知学习过程的探索，还涉及对数据的分析处理。实际上，机器学习已经成为计算机数据分析技术的创新源头之一。由于几乎所有的学科都要面对数据分析任务，因此机器学习已经开始影响到计算机科学的众多领域，甚至影响到计算机科学之外的很多学科。机器学习是数据挖掘中的一种重要工具。然而数据挖掘不仅仅要研究、拓展、应用一些机器学习方法，还要通过许多非机器学习技术解决数据仓储、大规模数据、数据噪声等实践问题。机器学习的涉及面很宽，常用的数据挖掘方法通常只是"从数据学习"。机器学习不仅可以用在数据挖掘上，一些机器学习的子领域甚至与数据挖掘关系不大，如增强学习与自动控制等。数据挖掘是相对目的而言的，机器学习是相对方法而言的，虽然两个领域有相当大的交集，但不能等同。

3. 机器学习与数据挖掘应用案例

1) 尿布和啤酒的故事

先来看一则有关数据挖掘的故事："尿布与啤酒"[①]。

总部位于美国阿肯色州的世界著名商业零售连锁企业沃尔玛拥有世界上最大的数据仓库系统。为了准确了解顾客在其门店的购买习惯，沃尔玛对其顾客的购物行为进行购物篮分析，探究顾客经常一起购买的商品有哪些。沃尔玛数据仓库里集中了其各门店的详细原始交易数据，在这些原始交易数据的基础上，沃尔玛利用 NCR 数据挖掘工具对这些数据进行分析和挖掘。一个意外的发现是：跟尿布一起购买最多的商品竟然是啤酒！这是数据挖掘技术对历史数据进行分析的结果，反映了数据的内在规律。那么，这个结果符合现实情况吗？是否有利用价值呢？

---

① 相关来源：《大数据架构详解：从数据获取到深度学习》。

于是，沃尔玛派出市场调查人员和分析师对这一数据挖掘结果进行了调查分析，从而揭示出隐藏在"尿布与啤酒"背后的美国人的一种行为模式：在美国，一些年轻的父亲下班后经常要到超市去购买婴儿尿布，而他们中有30%～40%的人同时也会为自己购买一些啤酒。产生这一现象的原因是：美国的太太们常叮嘱她们的丈夫下班后为小孩购买尿布，而丈夫们在购买完尿布后又常常会随手带回他们喜欢的啤酒。

既然尿布与啤酒一起被购买的机会很多，于是沃尔玛就在其各家门店将尿布与啤酒摆放在一起，结果尿布与啤酒的销售量双双增长。

2）决策树用于电信领域故障快速定位

电信领域比较常见的应用场景是决策树，人们可以利用决策树来进行故障定位。比如，用户投诉上网慢，其中有很多种原因，可能是网络的问题，也可能是用户手机的问题，还可能是用户自身感受的问题。怎样快速分析和定位出问题，给用户一个满意的答复呢？这就需要用到决策树。图1-2就是一个典型的用户投诉上网慢的决策树的样例。

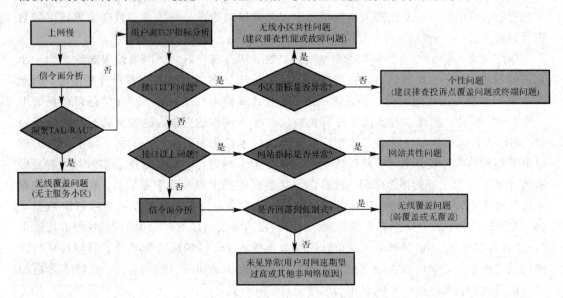

图1-2　用户投诉上网慢的决策树

1.2.4　数据可视化

数据可视化是关于数据视觉表现形式的科学技术研究，这种数据的视觉表现形式被定义为一种以某种概要形式抽取出来的信息，包括相应信息单位的各种属性和变量。

数据可视化是一个处于不断演变之中的概念，其边界也在不断扩大，主要是指技术上较为高级的处理方法。而这些技术方法允许利用图形图像处理、计算机视觉以及用户界面，通过表达、建模和对立体、表面、属性以及动画的显示，对数据加以可视化解释。与立体建模之类的特殊技术方法相比，数据可视化所涵盖的技术方法要广泛得多。

数据可视化旨在借助图形化手段，清晰有效地传达与沟通信息。但这并非意味着数据可视化就一定因为要实现其功能、用途而令人感到枯燥乏味，或者是为了看上去绚丽多彩而显得极端复杂。为了有效地传达思想和概念，内容、形式与功能需要齐头并进，通过直观地传达关键的方面与特征，从而实现对于相当稀疏而又复杂的数据集的深入洞察。

数据可视化与信息图形、信息可视化、科学可视化以及统计图形密切相关。当前，在研究、教学和开发领域，数据可视化是一个极为活跃而又关键的方面。"数据可视化"这条术语实现了成熟的科学可视化领域与较年轻的信息可视化领域的统一。

关于数据可视化的适用范围，存在着不同的划分方法。一个常见的关注焦点就是信息的呈现。迈克尔·弗兰德利提出了数据可视化的两个主要组成部分：统计图形和主题图（如图 1-3 所示）。

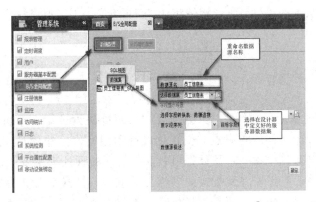

图 1-3　FineReport 数据可视化示例[①]

在《Data Visualization：Modern Approaches》（意为《数据可视化：现代方法》，2007）一文中，概括阐述了数据可视化的七个主题：思维导图；新闻的显示；数据的显示；连接的显示；网站的显示；文章与资源；工具与服务。所有这些主题全都与图形设计和信息表达密切相关。

另外，Frits H. Post 则从计算机科学的视角，将数据可视化这一领域划分为如下多个子领域：

（1）可视化算法与技术方法；

（2）立体可视化；

（3）信息可视化；

（4）多分辨率方法；

（5）建模技术方法；

（6）交互技术方法与体系架构。

数据可视化对数据结果的呈现有着无与伦比的优势，这是因为数据的呈现能够做到准确和直观。在 2020 年初，我国爆发了社会影响极大的"新型冠状病毒性肺炎"，给国家和老百姓的健康造成了巨大的损失。相对于 17 年前的"非典"，这次新冠肺炎疫情由于人群流动的频率、速度和范围都扩大了，病毒控制相对难度更高了，但是如今科技取得了突飞猛进的发展，5G、大数据、人工智能、区块链等科技手段给疫情防控提供了前所未有的帮助。数据的可视化能够在最短的时间传递直观的信息，为防疫工作的决策者和工作者提供有力的支持，同时也让老百姓能够及时准确地了解疫情的动态，并做好防护。大数据可视化对阻击这次新冠肺炎疫情的蔓延提供了巨大的帮助。

---

① 图片来源于 FineReport 官网，https：//www.finereport.com/。

　　数据可视化的目的在于使得数据分析的结果易于被人们接受，能够直观地将数据表达的复杂内容抽象地展示在人们的大脑中，进而产生更加宏观的理解。可视化的意义是帮助人们更好地分析数据。信息的质量很大程度上依赖于其表达方式。利用大数据技术对数字罗列所组成的数据中所包含的意义进行分析，使分析结果可视化。

　　数据可视化的本质就是视觉对话。数据可视化将技术与艺术完美结合，借助图形化的手段，使人们可以清晰有效地传达与沟通信息。一方面，数据赋予可视化以价值；另一方面，可视化增加了数据的灵性，两者相辅相成，帮助我们从信息中提取知识、从知识中收获价值。

本 章 小 结

　　本章作为全书的绪论，主要是对大数据处理与智能决策进行一个引导性的介绍，从大数据的特点入手，介绍了如何将海量数据转化成有用的有价值的信息。依次介绍了数据的预处理、机器学习和数据挖掘，以及数据可视化。数据的预处理主要是解决自然数据中存在的各种噪声、缺失、不完整以及格式的多样化等问题；机器学习和数据挖掘作为分析和处理数据的工具，相对于传统的对数据进行简单统计分析有了质的飞跃，能够真正意义上从数据中"挖掘"到"高价值"的信息；数据可视化则着重于对信息的呈现，使阅读者和信息获取者能够快速、准确、高效率地把握数据信息的价值所在。

练 习 题

　　1. 简要概述大数据"4V"的特征，从计算、存储、数据库、网络传输的角度分析为什么传统的数据处理方法并不适用于大数据的处理？

　　2. 给出三种适合使用机器学习方法的计算机应用以及三种不适合使用机器学习方法的计算机应用。挑选本书未提及的应用并对每个应用用一句话进行评价。

　　3. 请查找相关资料并回答：数据仓库和数据库有何不同？它们又有哪些相似之处？

　　4. 请查找相关资料，找出至少 3 种经典或者常见的机器学习算法，并分别阐述其主要的应用场景或说明其属于解决哪一类问题的解决工具。

　　5. 查找相关资料，简述解决以下的应用场景时，当前流行的机器学习和数据挖掘方法是什么：① 自然语言处理；② 机器视觉（如人脸识别、车辆特征识别）。

第 2 章　基础数学知识

　　数学是人类对数字进行处理的基石，当人们谈论起大数据技术时，首先想到的可能就是数学运算。在高等数学中，线性代数、统计学等均是与大数据处理密切相关的数学分支。在线性代数中，向量、向量空间、矩阵、转置、正交矩阵、特征值与特征向量等知识均是在大数据建模和分析中常用到的技术手段。在统计学中，概率分布、独立性、期望、方差、标准差等知识也在数据模型分析中起着关键作用。

　　本章将对大数据处理中经常会用到的数学基本知识进行介绍，主要涉及向量与矩阵的运算、协方差与相关系数等知识的基本概念及应用，以帮助读者对后续将要介绍的大数据处理相关算法的原理进行理解与掌握。

2.1　向　量　与　矩　阵

2.1.1　基本概念

　　在进行向量和矩阵运算的学习之前，我们首先介绍向量和矩阵涉及的基本数学概念。

　　(1) 向量：指有序的数字列表，通常是指一列数。我们通过对向量次序中的索引，可以确定列表中每个单独的数。在本书中，我们用加粗的小写变量(例如 x)来表示向量，用带脚标的斜体(例如 $x_1, x_2, \cdots, x_n$ 等)来表示向量中的元素(标量)。向量的基本表示如下：

$$x = \begin{bmatrix} x_1 \\ x_2 \\ \vdots \\ x_n \end{bmatrix}$$

　　(2) 标量：只具有数值大小而没有方向的量，也称作"无向量"。标量通常用小写斜体字母(变量名称)表示。在使用标量时，一般都要明确给出它是哪种类型的数，如：$s \in \mathbf{R}$，$n \in \mathbf{N}$。

　　(3) 矩阵：一个二维数组，通常用黑体大写字母的变量名称(例如 A)来表示。如果一个实数矩阵高度为 m、宽度为 n，那么它可以表示为 $A \in \mathbf{R}^{m \times n}$。通常用 $A_{1,1}$ 来表示左上角的元素，用 $A_{m,n}$ 来表示右下角的元素。可以用"："来表示矩阵的所有水平或垂直坐标。如 $A_{i,:}$ 可以用来表示 A 中竖直坐标 i 对应的一横排元素，也可以称其为 A 的第 i 行。同样的，$A_{:,i}$ 则可以用来表示 A 的第 i 列元素。矩阵的基本表示如下所示：

$$A = \begin{bmatrix} A_{1,1} & A_{1,2} & \cdots & A_{1,n} \\ A_{2,1} & A_{2,2} & \cdots & A_{2,n} \\ \vdots & \vdots & & \vdots \\ A_{m,1} & A_{m,2} & \cdots & A_{m,n} \end{bmatrix}$$

2.1.2　向量的基本运算

1. 向量的内积

向量的内积是矢量运算，计算结果为数值（标量），即非向量，其定义如下所述：

设两个 n 维向量 $\boldsymbol{x}$、$\boldsymbol{y}$ 为

$$\boldsymbol{x} = \begin{bmatrix} x_1 \\ x_2 \\ \vdots \\ x_n \end{bmatrix}, \ \boldsymbol{y} = \begin{bmatrix} y_1 \\ y_2 \\ \vdots \\ y_n \end{bmatrix}$$

则称 $x_1 y_1 + x_2 y_2 + \cdots + x_n y_n$ 为 n 维向量 $\boldsymbol{x}$ 与 $\boldsymbol{y}$ 的内积，记作

$$[\boldsymbol{x}, \boldsymbol{y}] = \boldsymbol{x}^{\mathrm{T}} \boldsymbol{y} = x_1 y_1 + x_2 y_2 + \cdots + x_n y_n$$

其中，$\boldsymbol{x}^{\mathrm{T}}$ 表示向量 $\boldsymbol{x}$ 的转置，记为

$$\boldsymbol{x}^{\mathrm{T}} = [x_1, x_2, \cdots, x_n]$$

向量的内积具有如下性质：

(1) $[\boldsymbol{x}, \boldsymbol{y}] = [\boldsymbol{y}, \boldsymbol{x}]$；

(2) $[a\boldsymbol{x}, \boldsymbol{y}] = a[\boldsymbol{x}, \boldsymbol{y}]$；

(3) $[\boldsymbol{x} + \boldsymbol{y}, \boldsymbol{z}] = [\boldsymbol{x}, \boldsymbol{z}] + [\boldsymbol{y}, \boldsymbol{z}]$；

(4) 当 $\boldsymbol{x} = 0$ 时，$[\boldsymbol{x}, \boldsymbol{x}] = 0$；当 $\boldsymbol{x} \neq 0$ 时，$[\boldsymbol{x}, \boldsymbol{x}] > 0$。

【示例 2 - 1】 向量内积运算。已知

$$\boldsymbol{x} = \begin{bmatrix} 1 \\ 2 \\ 3 \end{bmatrix}, \ \boldsymbol{y} = \begin{bmatrix} 2 \\ 1 \\ 3 \end{bmatrix}$$

则其内积为

$$[\boldsymbol{x}, \boldsymbol{y}] = \boldsymbol{x}^{\mathrm{T}} \boldsymbol{y} = 1 \times 2 + 2 \times 1 + 3 \times 3 = 13$$

2. 向量的长度

向量的长度在数据分析和机器学习领域中一般被称为向量的范数，是向量自身内积的平方根，计算结果为数值（标量），其定义如下：

n 维向量 $\boldsymbol{x}$ 的长度定义为

$$\|\boldsymbol{x}\| = \sqrt{[\boldsymbol{x}, \boldsymbol{x}]} = \sqrt{x_1^2 + x_2^2 + \cdots + x_n^2}$$

如果向量的长度为 1，则称其为单位向量。

向量的长度具有如下性质：

(1) 当且仅当 $\boldsymbol{x} = 0$ 时，$\|\boldsymbol{x}\| = 0$；当 $\boldsymbol{x} \neq 0$ 时，$\|\boldsymbol{x}\| > 0$。

(2) $\|a\boldsymbol{x}\| = |a| \|\boldsymbol{x}\|$；

(3) $\|\boldsymbol{x} + \boldsymbol{y}\| \leqslant \|\boldsymbol{x}\| + \|\boldsymbol{y}\|$。

【示例 2 - 2】 向量长度运算。已知

$$\boldsymbol{x} = \begin{bmatrix} 1 \\ 2 \\ 3 \end{bmatrix}$$

则其长度为

$$\|\boldsymbol{x}\| = \sqrt{[\boldsymbol{x},\boldsymbol{x}]} = \sqrt{1^2 + 2^2 + 3^2} = \sqrt{14}$$

2.1.3　矩阵的基本运算

1. 矩阵的转置

设 $\boldsymbol{A}$ 为 $m \times n$ 的矩阵，其第 i 行 j 列的元素是 $A_{i,j}$，则定义 $\boldsymbol{A}$ 的转置为这样一个 $n \times m$ 阶的矩阵 $\boldsymbol{B}$，且满足 $A_{i,j} = B_{j,i}$，记为 $\boldsymbol{A}^\mathrm{T} = \boldsymbol{B}$。

如

$$\boldsymbol{A} = \begin{bmatrix} a_{1,1} & a_{1,2} & a_{1,3} \\ a_{2,1} & a_{2,2} & a_{2,3} \end{bmatrix}$$

则其转置为

$$\boldsymbol{B} = \boldsymbol{A}^\mathrm{T} = \begin{bmatrix} a_{1,1} & a_{2,1} \\ a_{1,2} & a_{2,2} \\ a_{1,3} & a_{2,3} \end{bmatrix}$$

2. 矩阵的加减

当两个矩阵的形状一样时，这两个矩阵就可以进行加减运算。以加法运算为例，两个矩阵相加是指矩阵对应位置上的元素相加。如 $\boldsymbol{C} = \boldsymbol{A} + \boldsymbol{B}$，则其中 $\boldsymbol{C}$ 的第 i 行第 j 列元素可表示为：$C_{i,j} = A_{i,j} + B_{i,j}$。

标量与矩阵相加时，需要将标量与矩阵的每个元素相加。如 $\boldsymbol{B} = \boldsymbol{A} + c$，则其中 $\boldsymbol{B}$ 的第 i 行第 j 列元素可表示为：$B_{i,j} = A_{i,j} + c$。

3. 矩阵的乘法

矩阵的乘法是最重要的矩阵运算之一，只有当第一个矩阵的列数和第二个矩阵的行数相同时，矩阵的乘法运算才有意义。两个矩阵 $\boldsymbol{A}$ 和 $\boldsymbol{B}$ 的乘积为一个新的矩阵 $\boldsymbol{C}$。设 $\boldsymbol{A}$ 为 $m \times n$ 的矩阵，$\boldsymbol{B}$ 为 $n \times p$ 的矩阵，则矩阵 $\boldsymbol{A}$ 与矩阵 $\boldsymbol{B}$ 的乘积 $\boldsymbol{C}$ 的形状为 $m \times p$ 阶的矩阵，记为 $\boldsymbol{C} = \boldsymbol{AB}$，其中 $\boldsymbol{C}$ 的第 i 行第 j 列元素可表示为

$$C_{i,j} = \sum_k A_{i,k} B_{k,j} \tag{2-1}$$

如

$$\boldsymbol{A} = \begin{bmatrix} a_{1,1} & a_{1,2} & a_{1,3} \\ a_{2,1} & a_{2,2} & a_{2,3} \end{bmatrix}, \quad \boldsymbol{B} = \begin{bmatrix} b_{1,1} & b_{1,2} \\ b_{2,1} & b_{2,2} \\ b_{3,1} & b_{3,2} \end{bmatrix}$$

则其内积为

$$\boldsymbol{C} = \boldsymbol{AB} = \begin{bmatrix} a_{1,1}b_{1,1} + a_{1,2}b_{2,1} + a_{1,3}b_{3,1} & a_{1,1}b_{1,2} + a_{1,2}b_{2,2} + a_{1,3}b_{3,2} \\ a_{2,1}b_{1,1} + a_{2,2}b_{2,1} + a_{2,3}b_{3,1} & a_{2,1}b_{1,2} + a_{2,2}b_{2,2} + a_{2,3}b_{3,2} \end{bmatrix}$$

标量与矩阵相乘时，需要将标量与矩阵的每个元素相乘。如 $\boldsymbol{B} = c \cdot \boldsymbol{A}$，则其中 $\boldsymbol{B}$ 的第 i 行第 j 列元素可表示为：$B_{i,j} = c \cdot A_{i,j}$。

矩阵的乘积具有如下性质：

(1) $(AB)C=A(BC)$；

(2) $(A+B)C=AC+BC$；

(3) $C(A+B)=CA+CB$；

(4) $k(AB)=(kA)B=A(kB)$；

(5) $(AB)^{\mathrm{T}}=B^{\mathrm{T}}A^{\mathrm{T}}$。

【示例 2-3】 矩阵的乘积

$$A=\begin{bmatrix}1&2&3\\4&5&6\end{bmatrix},\ B=\begin{bmatrix}1&4\\2&4\\3&6\end{bmatrix}$$

则其内积为

$$C=AB=\begin{bmatrix}1\times1+2\times2+3\times3&1\times4+2\times4+3\times6\\4\times1+5\times2+6\times3&4\times4+5\times4+6\times6\end{bmatrix}=\begin{bmatrix}14&30\\32&72\end{bmatrix}$$

2.1.4 特殊类型的向量与矩阵

1. 单位向量

单位向量是指长度为 1 的向量，如 x 为单位向量，则 $\|x\|=1$。

2. 单位矩阵

单位矩阵是指从左上角到右下角的主对角线元素全部为 1，其余元素全部为 0 的方形矩阵。任何矩阵与单位矩阵相乘都等于该矩阵本身。如一个 3 阶单位矩阵 I_3 如下所示：

$$I_3=\begin{bmatrix}1&0&0\\0&1&0\\0&0&1\end{bmatrix}$$

3. 对角矩阵

所有非主对角线元素全为 0 的矩阵称为对角矩阵。对角矩阵主对角线上的元素可以为 0，当主对角线上的元素全为 1 时，对角矩阵称为单位矩阵。对角矩阵形状如下所示：

$$\begin{bmatrix}a_1&&&\\&a_2&&\\&&\ddots&\\&&&a_n\end{bmatrix}$$

4. 逆矩阵

设 A 是一个 n 阶矩阵，若存在另一个 n 阶矩阵 B，使得 $AB=BA=I_n$，则称 B 是 A 的逆矩阵。A 的逆矩阵记作 A^{-1}，则有下式成立：

$$A^{-1}A=I_n$$

5. 正交矩阵

设 A 是一个 n 阶矩阵，如果 $A^{\mathrm{T}}A=AA^{\mathrm{T}}=I_n$，则 n 阶矩阵 A 称为正交矩阵。

正交矩阵 A 具有如下性质：

（1）正交矩阵的各行是单位向量且两两正交；

（2）正交矩阵的各列是单位向量且两两正交；

（3）$\boldsymbol{A}^{-1} = \boldsymbol{A}^{\mathrm{T}}$。

2.2　基本描述性特征

在进行数据分析时，往往需要给出数据的集中程度等概要信息。同时，协方差和相关系数也是在进行数据统计分析学习中所必须掌握的知识点。因此我们先对数据本身的集中与离散程度以及期望和方差等基本概念进行回顾和学习。

2.2.1　集中趋势

在统计学中，数据的集中趋势是用来描述某组数据向某一中心点趋向靠拢的程度的统计量，主要涉及算数平均数、中位数、众数、第 k 百分位数、四分位数等。而离散趋势则是描述数据偏离某组数据中心点的趋势的统计量，反映观测值偏离中心的分布情况，主要涉及极差、四分位数极差、离散系数等。

1. 算数平均数

算数平均数又称为均数或均值，用来反映变量值在数量上的平均水平，是统计学中最基本、最常用的一种平均指标。假设一组数据包含 n 个数值数据，则其算数平均数 $\bar{x}$ 的计算见式（2 - 2）。

$$\bar{x} = \frac{1}{n} \sum_{i=1}^{n} x_i \qquad (2-2)$$

算数平均数是用来描述数值型数据集合最简单有效的指标之一，在大数据分析领域中应用非常广泛。其缺点也比较明显，就是很容易受到集合中离群点和极端数值的影响。例如，豆瓣评分采用算数平均数作为评价指标，如果某部电影遭遇恶意差评，就会拉低其豆瓣评分，因此需要引入更多、更全面的数据集中趋势度量方法。

2. 中位数

对于一个有限的数值型数据集合，可以将其按照一定顺序进行排列，处于正中间位置的数即称为中位数。如果数据集合有偶数个，那么最中间的两个数的平均数即为中位数。相比于算数平均数，中位数对于离群点的敏感度较低。

3. 众数

众数，顾名思义就是数据集合中出现次数最多的数值，代表数据集合的一般水平，主要应用于大面积普查研究之中。众数可以有多个，也可以没有。众数适合用以描述数据代表性水平的度量。

4. 第 k 百分位数

将一组数据从小到大排序，计算相应的累计百分位，则处于 $k\%$ 位置的数据就是其第 k 百分位数，表示为 $x_{k\%}$。由此定义可知，中位数是一组数据的第 50 百分位数。

计算第 k 百分位数的方法有很多种，当 $x_{k\%}$ 位于两个数之间时，可以使用上界、下界、中点、最邻近、线性插值等方法来计算第 k 百分位数。

【示例 2 - 4】 设有一组数据：$[-10, 0, 10, 20, 30, 40, 50, 80]$，求其第 75 百分位数。

首先将数据按递增的顺序从小到大进行排列，然后计算其指数，采用 numpy 库的计算方式即是 $1+(n-1)\times k\%$，那么在此例中，$1+(8-1)\times 75\% = 6.25$，处于第 6 个和第 7 个数之间，即在 40 和 50 之间。如果采用中点的方法进行计算，则 $x_{75\%}$ 为 40 和 50 的中位数 45。

5. 四分位数

将全部数据分成相等的四部分，其中每部分包括 25% 的数据，则处在各分位点的数值就是四分位数。四分位数有三个，分别用 Q_1、Q_2、Q_3 表示。第一个四分位数 Q_1 就是通常所说的四分位数，称为下四分位数，即第 25 百分位数；第二个四分位数 Q_2 就是中位数；第三个四分位数 Q_3 称为上四分位数，即第 75 百分位数。

2.2.2 离散趋势

1. 极差

极差简单来说就是数据集合中最大值与最小值之间的差距，即最大值减最小值后所得的数据，也被称作全距，一般用 R 表示。极差是评价一组数据离散度最简单的方式。

2. 方差和标准差

方差是每个样本值与全体样本值的平均数之差的平方值的平均数，一般用来衡量样本数据的离散程度。在实际情况中由于无法穷举所有数据，只能通过部分样本进行方差测算。样本方差一般用 s^2 表示，其计算见下式：

$$s^2 = \frac{\sum_{i=1}^{n}(x_i - \bar{x})^2}{n-1} \qquad (2-3)$$

其中 n 为样本个数，$\bar{x}$ 为样本均值。

从样本方差的公式来看，方差是样本和均值之差的平方和的平均数。而这里的平方运算导致了方差和样本的量纲不在一个层次，因此，人们引入了与样本的量纲一致的标准差来描述样本的波动范围。

样本标准差 s 的定义为

$$s = \sqrt{\frac{\sum_{i=1}^{n}(x_i - \bar{x})^2}{n-1}} \qquad (2-4)$$

由于方差和标准差的大小与数据本身的大小密切相关，且自带量纲，因此在比较不同量纲的数据时，使用方差和标准差来衡量数据离散程度就显得不够恰当，而下面将介绍的离散系数可有效避免以上问题。

3. 离散系数

离散系数是测度数据离散程度的相对统计量，主要用于比较不同样本数据的离散程度。

离散系数的定义为

$$C_v = \frac{s}{\bar{x}} \tag{2-5}$$

离散系数大,说明数据的离散程度也大;离散系数小,说明数据的离散程度也小。

【示例 2-5】　表 2-1 是某大二班级随机抽取的 10 名男学生的身高数据,请计算其身高样本方差、标准差及离散系数。

表 2-1　身高列表

序　号	1	2	3	4	5	6	7	8	9	10
身高/cm	172	176	170	182	180	175	168	185	173	178

容易求得列表中学生平均身高 $\bar{x}$ 为 175.9,根据样本方差及标准差公式求得方差 s^2 为 29.21,标准差 s 为 5.4,根据离散系数公式 $C_v = \frac{s}{\bar{x}}$ 可求得离散系数 $C_v = \frac{5.4}{175.9} = 0.03$。

2.2.3　协方差与相关系数

1. 协方差

在大数据分析中,数据各个属性之间的密切程度需要使用相关系数来进行度量。在学习相关系数之前,我们首先来学习协方差的概念。在概率论中,协方差用于衡量两个变量的总体误差,方差则是协方差的一种特殊情况(两个变量是相同的)。给定 n 个样本,则其不同属性 X 与 Y 之间的协方差 $\text{Cov}(X, Y)$ 定义为

$$\text{Cov}(X, Y) = \frac{\sum_{i=1}^{n}(X_i - \bar{X})(Y_i - \bar{Y})}{n-1} \tag{2-6}$$

协方差反映了两个变量的总体误差,如果两个变量的变化趋势一致,即其中一个变量大于自身的期望值时另外一个变量也大于自身的期望值,那么两个变量之间的协方差就是正值;如果两个变量的变化趋势相反,即其中一个变量大于自身的期望值时另外一个变量却小于自身的期望值,那么两个变量之间的协方差就是负值。

协方差的性质如下:

(1) $\text{Cov}(X, Y) = \text{Cov}(Y, X)$;

(2) $\text{Cov}(aX, bY) = ab\text{Cov}(X, Y)$;

(3) $\text{Cov}(X_1 + X_2, Y) = \text{Cov}(X_1, Y) + \text{Cov}(X_2, Y)$。

2. 相关系数

设样本不同属性 X 与 Y 的方差 $S_X > 0, S_Y > 0$,协方差 $\text{Cov}(X, Y)$ 存在,则随机变量 X 与 Y 的相关系数表示为

$$r(X, Y) = \frac{\text{Cov}(X, Y)}{S_X S_Y} \tag{2-7}$$

相关系数可以看做是一种剔除了两个属性量纲影响、标准化后的特殊协方差。它首先可以反映两个属性变化时是同向还是反向,如果是同向变化就为正,如果是反向变化就为负。其次,由于它是标准化后的协方差,因此消除了两个属性变化幅度的影响,只是单纯反

应两个属性每单位变化时的相似程度。

相关系数的性质如下：

(1) 随机变量 X、Y 的相关系数满足 $|r(X,Y)| \leqslant 1$；

(2) 若 X、Y 相互独立，则 $r(X,Y)=0$。

【示例 2-6】 表 2-2 是某高三班级随机抽取的 10 名学生高考前两次模拟考试的化学成绩，请判断其相关性，并绘制散点图。

表 2-2 考试成绩列表

序　号	1	2	3	4	5	6	7	8	9	10
第一次考试成绩	60	74	78	53	42	63	82	90	70	54
第二次考试成绩	76	69	85	70	53	59	67	95	82	60

本例题我们使用 Python 中的 numpy 工具包来实现协方差和相关系数的求解，具体如代码 2-1 所示。

代码 2-1 考试成绩相关性代码

```python
# 相关系数求解，导入相关包
import numpy as np
import matplotlib.pyplot as plt
# 两次考试成绩列表
arr1 = [60,74,78,53,42,63,82,90,70,54]
arr2 = [76,96,85,70,53,59,67,95,82,60]
# 求协方差矩阵
cov = np.cov(arr1, arr2)
# 求相关系数矩阵
corrcoef = np.corrcoef(arr1, arr2)
# 打印输出
print(cov)
print(corrcoef)
# 画散点图
plt.scatter(arr1,arr2)
plt.show()
```

输出结果如代码 2-2 所示。

代码 2-2 考试成绩协方差和相关系数输出结果

```
[[220.71111111 165.24444444]
[165.24444444 226.67777778]]
[[1.          0.73877178]
[0.73877178 1.         ]]
```

由以上代码及输出结果可知，用 numpy 库的 cov() 函数计算协方差的输出结果是一个协方差矩阵，输出结果中 results$[i][j]$ 表示第 i 个变量与第 j 个变量的协方差，因此，本例中两次考试成绩的协方差为 165.24444444。同样的，用 corrcoef() 函数计算相关系数的输出结果是一个相关系数矩阵，输出结果中 results$[i][j]$ 表示第 i 个变量与第 j 个变量的相关系数，因此，本例中两次考试成绩的相关系数为 0.73877178。两次考试成绩的散点图如图 2-1 所示。

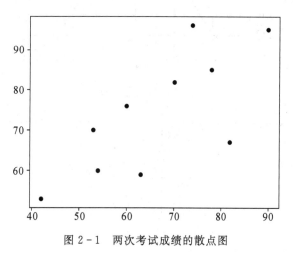

图 2-1　两次考试成绩的散点图

2.2.4　分布形态

1. 偏态

画出一组数据样本集合的频数分布图，如果画出的图形不对称，那么这样的形态被称为偏态分布。对于连续型变量，如果其概率密度函数曲线相对于平均值不对称，那么也被称为偏态分布。

以连续型随机变量的概率密度函数曲线为例，我们来观察一下数据分布的对称情况，如图 2-2 所示，图中的均值、中位数与众数是相同的，为对称分布。如图 2-3 所示，如果众数出现在均值的左边，曲线的尾巴在右边，此时均值与众数之差为正数，被称为右偏态或正偏态分布。如图 2-4 所示，如果众数出现在均值的右边，曲线的尾巴在左边，此时均值与众数之差为负数，被称为左偏态或负偏态分布。描述分布偏斜方向和程度的度量称为偏度，通常用偏态系数来作为偏度的测量指标。偏态系数的计算公式为

$$g_1 = \frac{\dfrac{\sum\limits_{i=1}^{n}(x_i-\bar{x})^3}{n}}{\left[\dfrac{\sum\limits_{i=1}^{n}(x_i-\bar{x})^2}{n}\right]^{3/2}} \tag{2-8}$$

另外一种偏态系数称为皮尔逊偏态系数(SK)，其计算公式为

$$SK = \frac{\bar{X}-M_0}{s} \tag{2-9}$$

其中，$\bar{X}$ 为平均数，M_0 是众数，s 是样本标准差。

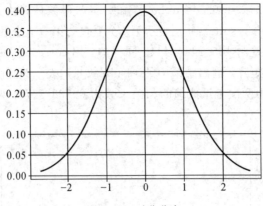

图 2-2 对称分布

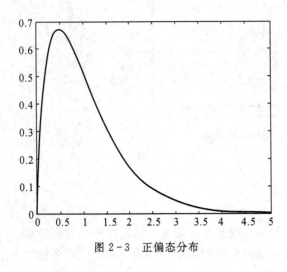

图 2-3 正偏态分布

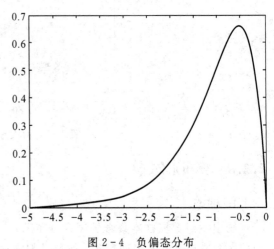

图 2-4 负偏态分布

2. 峰度

峰度又称峰态系数，通常用来描述数据分布的平坦度，表征概率密度分布曲线在平均值处峰值高低的特征数。样本的峰度是以正态分布作为比较基准的，通常用峰度系数作为峰度的度量，其计算公式为

$$K = \frac{\frac{1}{n}\sum_{i=1}^{n}(x_i - \bar{x})^4}{\left(\frac{1}{n}\sum_{i=1}^{n}(x_i - \bar{x})^2\right)^2} - 3 \tag{2-10}$$

上述峰度系数公式中的减 3 是为了公式适用于正态分布时峰度值为 0。K 接近于 0 时，称之为常峰态；K 小于 0 时，称之为低峰态；K 大于 0 时，称之为尖峰态。

2.3 数据的图形化描述

在数据分析的过程中，如何通过图形化的方法将一组数据的分布特征更加直观地表现出来是需要我们重点学习的一个方向。描述数据分布的图形化方式除了前面所学习过的散点图之外，还有柱状图、折线图、直方图、密度曲线、箱形图、等高线图、气泡图、雷达图等。下面我们将对数据图形化的主要方法进行介绍。

2.3.1　直方图

　　直方图是一种统计报告图表，是用一系列高度不等的纵向条纹或线段来表示数据分布情况的数据图形化方法。一般用横轴表示数据类型，纵轴表示分布情况。直方图是用面积表示各组频数的多少，矩形的高度表示每一组的频数或频率，宽度表示各组的组距，因此其高度与宽度均有意义。由于分组数据具有连续性，直方图的各矩形通常是连续排列的，主要用于展示数据型数据。

　　由一组数据 a 绘制的频数分布直方图如图 2-5 所示，其 Python 绘图代码如代码 2-3 所示。

代码 2-3　直方图示例代码

```python
#  绘制频数分布直方图
from matplotlib.font_manager import FontProperties
from matplotlib import pyplot as plt
font = FontProperties(fname=r"C:\Windows\Fonts\simhei.ttf", size=14)
a = [131, 98, 125, 131, 124, 139, 131, 117, 128, 108, 135, 138, 131, 102, 107, 114, 119,
128, 121, 142, 127, 130, 124,101, 110, 116, 117, 110, 128, 128, 115, 99, 136, 126, 134, 95,
138, 117, 111, 78, 132, 124, 113, 150, 110, 117, 86, 95, 144, 105, 126, 130, 126, 130, 126,
116, 123, 106, 112, 138, 123, 86, 101, 99, 136, 123, 117, 119, 105, 137, 123, 128, 125,
104, 109, 134, 125, 127, 105, 120, 107, 129, 116, 108, 132, 103, 136, 118, 102, 120, 114,
105, 115, 132, 145, 119, 121, 112, 139, 125, 138, 109, 132, 134, 156, 106, 117, 127, 144,
139, 139, 119, 140, 83, 110, 102, 123, 107, 143, 115, 136, 118, 139, 123, 112, 118, 125,
109, 119, 133, 112, 114, 122, 109, 106, 123, 116, 131, 127, 115, 118, 112, 135, 115, 146,
137, 116, 103, 144, 83, 123, 111, 110, 111, 100, 154, 136, 100, 118, 133, 134, 106,
129, 126, 110, 111, 109, 141, 120, 117, 106, 149, 122, 122, 110, 118, 127, 121, 114, 125,
126, 114, 140, 103, 130, 141, 117, 106, 114, 121, 114, 133, 137, 92, 121, 112, 146, 97,
137, 105, 98, 117, 112, 81, 97, 139, 113, 134, 106, 144, 110, 137, 137, 111, 104, 117, 100,
111, 101, 110, 105, 129, 137, 112, 120, 113, 133, 112, 83, 94, 146, 133, 101, 131, 116,
111, 84, 137, 115, 122, 106, 144, 109, 123, 116, 111, 111, 133, 150]
#  数据如果在 100 以内，则分为 5 到 12 组
#  组距：每个数据小组两个端点的距离
d = 6
num_bins = (max(a) - min(a)) // d   #  计算组数：极差/组距
#  a 为传入的数据，其中数据应该都是数字类型的，num_bins 为需要将数据分成的组组
plt.hist(a, num_bins)
plt.xticks(range(min(a), max(a) + d, d))
plt.title('频数分布直方图', FontProperties=font)
```

```
# 设置网格
plt.grid()
plt.show()
```

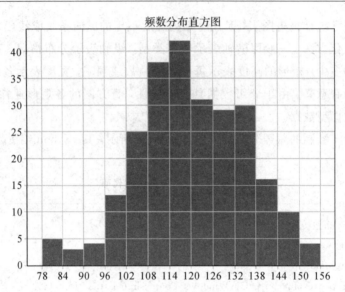

图 2-5 频数分布直方图

2.3.2 气泡图

气泡图(bubble chart)与散点图类似,不同之处在于气泡图在绘制时将一个变量放在横轴,另一个变量放在纵轴,而第三个变量则用气泡的大小来表示。因此,气泡图可用于展示三个变量之间的关系。下面我们通过举例的方式讲解气泡图的绘制。

【示例2-7】 某农场经数据统计得出一种农产品的产量与温度和降雨量的关系如表2-3所示,请通过 Python 编码绘制气泡图。

表 2-3 农产品的产量与温度和降雨量的关系表

产量/kg	温度/℃	降雨量/mm
1025	6	25
1625	8	40
2150	11	60
2775	13	68
2800	15	108
3650	17	100
4025	21	118

用代码2-4做出的农作物产量、温度、降雨量关系的气泡图如图2-6所示。温度数值在横坐标轴,降雨量数值在纵坐标轴,降雨量的大小用气泡的大小表示。

代码 2－4　气泡图示例代码

```
#  绘制气泡图
import matplotlib. pyplot as plt
import numpy as np
#  这两行代码解决 plt 中文显示的问题
plt. rcParams['font. sans－serif'] = ['SimHei']
plt. rcParams['axes. unicode_minus'] = False
#  输入产量与温度数据
production = [1025, 1625, 2150, 2775, 2800, 3650, 4025]
tem = [6, 8, 11, 13, 15, 17, 21]
rain = [25, 40, 60, 68, 108, 100, 118]
colors = np. random. rand(len(tem))      #  颜色数组
size = production
plt. scatter(tem, rain, s=size, c=colors, alpha=0.6)   #  画散点图,alpha=0.6表示不透明度为0.6
plt. ylim([0, 150])   #  纵坐标轴范围
plt. xlim([0, 30])   #  横坐标轴范围
plt. xlabel('温度')   #  横坐标轴标题
plt. ylabel('降雨量')   #  纵坐标轴标题
plt. show()
```

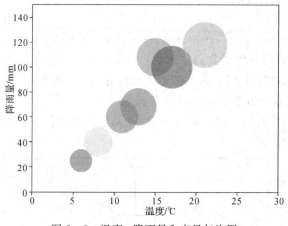

图 2－6　温度、降雨量和产量气泡图

2.3.3　箱形图

我们知道三个四分位数 Q_1、Q_2、Q_3 可以描述出集合中间百分之五十的数据分布以及中位数,由最大值和最小值可以求出极差,这五个度量值被称作五数概括法。我们根据一组数据的上限、下限、中位数和两个四分位数,连接两个四分位数画出箱体,再将上限和下限与箱体相连接,中位数在箱体中间,这样画出的图形就被称为箱形图,如图 2－7 所示。

通常我们将 $Q_3 - Q_1$ 称为四分位距 IQR,上限是 $Q_3+1.5$IQR,下限为 $Q_1-1.5$IQR。

使用数据:[23,23,27,27,39,41,47,49,50,52,54,54,56,57,58,58,61],通过 Python

绘制图2-7所示箱形图,其代码如代码2-5所示。

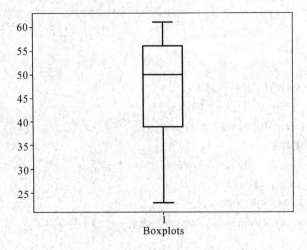

图2-7 箱形图

代码2-5 箱形图示例代码

```
import numpy as np
import matplotlib. pyplot as plt
age = [23, 23, 27, 27, 39, 41, 47, 49, 50, 52, 54, 54, 56, 57, 58, 58, 61]
plt. xlabel("Boxplots")
plt. boxplot(age,sym="o",whis=1.5)
plt. show()
```

在介绍箱形图的绘制过程中我们注意到,如果数据集中存在大于上限或者小于下限的数据,则这些点可能是"离群点"。这一结论我们将通过另一组数据的箱形图绘制发现。"离群点"在图中用"○"表示,如图2-8所示,数据如下:

[9.5,26.5,7.8,17.8,31.4,25.9,27.4,27.2,31.2,34.6,42.5,28.8,33.4,30.2,34.1,23.9,35.7]

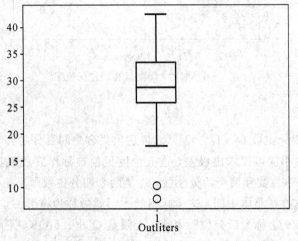

图2-8 标识有离群点的箱形图

使用新数据，通过 Python 绘制图 2-8 所示标识离群点的箱形图，其代码如代码 2-6 所示。

代码 2-6　标识离群点箱形图示例代码

```
import numpy as np
import matplotlib. pyplot as plt
fat = [9.5, 26.5, 7.8, 17.8, 31.4, 25.9, 27.4, 27.2, 31.2, 34.6, 42.5, 28.8, 33.4, 30.2,
34.1, 23.9, 35.7]
plt. xlabel("Outliters")
plt. boxplot(fat,sym="o",whis=1.5)
plt. show()
```

2.3.4　雷达图

雷达图也称为网络图，是以从同一点开始的轴上表示的三个或更多个定量变量的二维图表的形式显示多变量数据的图形化方法。轴的相对位置和角度通常是无信息的。在很多 MOBA 类游戏(一种角色类游戏)玩家的详细数据中，往往使用雷达图的形式表示玩家的输出、推进、发育、团战、战绩、生存等技能指标。下面我们通过举例的方式讲解雷达图的绘制。

【示例 2-8】　某 MOBA 类游戏玩家某角色近 100 场游戏的 6 种主要技术指标的统计数据如表 2-4 所示，请根据数据绘制出雷达图。

表 2-4　某角色近 100 场游戏数据

输出	发育	团战	推进	战绩	生存
73	44	50	38	60	27

用代码 2-7 做出的游戏角色输出、推进、发育、团战、战绩、生存技术指标的雷达图如图 2-9 所示。

代码 2-7　雷达图示例代码

```
#　绘制雷达图
import numpy as np
import matplotlib. pyplot as plt
plt. rcParams['font. sans-serif'] = ['KaiTi']    #　显示中文
labels = np. array([u'输出', u'发育', u'团战', u'推进', u'战绩', u'生存'])    #　标签
dataLenth = 6  #　数据长度
data_radar = np. array([73, 44, 50, 38, 60, 27])    #　数据
angles = np. linspace(0, 2 * np. pi, dataLenth, endpoint=False)    #　分割圆周长
data_radar = np. concatenate((data_radar, [data_radar[0]]))    #　闭合
angles = np. concatenate((angles, [angles[0]]))    #　闭合
plt. polar(angles, data_radar, 'bo-', linewidth=1)    #　作极坐标系
plt. thetagrids(angles * 180/np. pi, labels)    #　作标签
plt. fill(angles, data_radar, facecolor='r', alpha=0.25)    #　填充
```

```
plt. ylim(0, 70)
plt. title(u'某玩家角色对战数据雷达图')
plt. show()
```

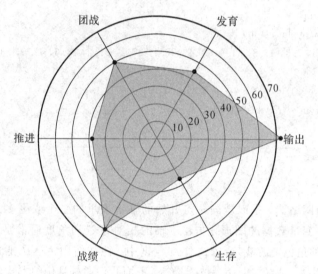

图 2 - 9　玩家游戏角色对战数据雷达图

2.3.5　等高线图

等高线图最初常用在地形测绘中，就是将地表高度相同的点连成一条线直接投影到平面上而形成水平曲线。这里讲述函数和离散两种形式的等高线作图方法。

1. 函数作图

我们以 $z = x^2 + y^2$ 函数为例介绍等高线的画法，等高线图如图 2 - 10 所示，绘制等高线图的 Python 代码如代码 2 - 8 所示。

代码 2 - 8　函数作图代码

```
#　绘制函数等高线
import numpy as np
import matplotlib. pyplot as plt
#　建立步长为 0.01，即每隔 0.01 取一个点
step = 0.01
x = np. arange(-10,10,step)
y = np. arange(-10,10,step)
#　也可以用 x = np. linspace(-10,10,100)表示从-10 到 10，分 100 份
#　将原始数据变成网格数据形式
X,Y = np. meshgrid(x,y)
#　写入函数，Z 是大写
Z = X * * 2+Y * * 2
plt. contourf(X,Y,Z)
```

```
#  画等高线
plt.contour(X,Y,Z)
plt.show()
```

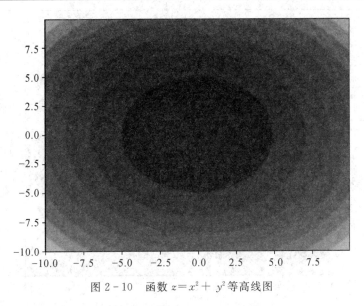

图 2-10　函数 $z = x^2 + y^2$ 等高线图

2. 离散作图

在做离散等高线图时，我们首先在地图中取 25 个点，然后记录这 25 个点的高度汇总，最后绘制出等高线图，具体代码如代码 2-9 所示，等高线图如图 2-11 所示。

代码 2-9　离散作图代码

```
#  离散等高线图
import numpy as np
import matplotlib.pyplot as plt
#  定义等高线图的横纵坐标 x、y
#  从左边取值，范围为 0 到 6，各取 5 个点，一共取 5 * 5 = 25 个点
plt.rcParams['font.sans-serif'] = ['SimHei']
plt.rcParams['axes.unicode_minus'] = False
x = np.linspace(0, 6, 5)
y = np.linspace(0, 6, 5)
#  将原始数据变成网格数据
X, Y = np.meshgrid(x, y)
#  各地点对应的高度数据
#  Height 是个 5 * 5 的数组，记录地图上 25 个点的高度汇总
Height = [[1,1,2,3,4],[1,-1,-1,2,6],[5,3,7,9,2],[4,-2,-2,1,6],[2,-4,-1,2,4]]
#  填充颜色
plt.title('离散等高线图')
plt.contourf(X, Y, Height, 10, alpha = 0.6, cmap = plt.cm.hot)
#  绘制等高线
```

```
C = plt.contour(X, Y, Height, 10, colors = 'black', linewidth = 0.5)
#   显示各等高线的数据标签
plt.clabel(C, inline = True, fontsize = 10)
plt.show()
```

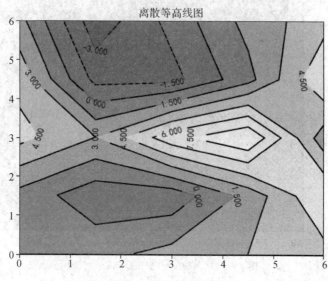

图 2-11　25个离散点等高线图

本 章 小 结

　　掌握一定的数学基础知识是进行大数据分析所必须具备的前提，如果不具备这些基础知识就无从进行数据分析，而高等数学中的统计学和概率论知识更是尤为重要。本章对进行数据分析所需基础知识中的向量、矩阵、集中趋势、离散趋势、协方差等知识点进行了讲解，以助于后续知识的学习。同时也对数据图形化描述中的箱型图、直方图等常用作图方法进行了介绍。因此，无论是从事数据研究的基本分析还是对数据进行图表展现，本章内容都是值得读者认真学习的。

练 习 题

　　1. 请分别计算以下向量的长度及 x 与 y 的内积。

$$x = \begin{bmatrix} 4 \\ 2 \\ 0 \\ 7 \end{bmatrix}, \quad y = \begin{bmatrix} 0 \\ 6 \\ 7 \\ 10 \end{bmatrix}$$

　　2. 请计算矩阵 A 的转置 A^T，并求出 A^T 与 A 的乘积。

$$A = \begin{bmatrix} 1 & 2 & 7 \\ 0 & 5 & 8 \\ 4 & 6 & 5 \end{bmatrix}$$

3. 表 2-5 是三年级某班随机抽取的 10 名男生的体重数据，请分别计算其体重样本的方差、标准差及离散系数。

表 2-5 体重列表

序 号	1	2	3	4	5	6	7	8	9	10
体重/kg	32	40	36	36	41	38	28	33	35	40

4. 某工厂为研究产品合格率与工人操作熟练程度之间的关系，分别从不同车间随机抽取了 10 名工人进行调查，获得相关数据如表 2-6 所示，请讨论其相关性，并绘制数据散点图。

表 2-6 合格率和熟练程度数据

工人编号	1	2	3	4	5	6	7	8	9	10
合格率/%	55.4	67.5	90.3	84.6	77.4	60.9	82.6	92.9	65.7	88.6
熟练程度/%	15.1	22.4	89.4	70.5	53.6	18.7	67.4	95.6	48.6	86.5

5. 某课题组对参与春晚抢红包活动的同学进行调查，按照他们使用手机系统的不同 (Android 和 IOS 系统)，分别随机抽取 5 名同学进行问卷调查，发现他们抢得的红包总金额数如表 2-7 所示。

表 2-7 手机抢红包列表

手机系统	一	二	三	四	五
Android/元	2	5	3	20	9
IOS/元	4	3	18	9	7

问题：如果认为红包总金额超过 6 元为抢得多，否则为抢得少，请判断手机系统与抢得红包总金额的多少是否有关，并说明理由。

6. 某城市空气各监测点的 PM2.5 浓度与温度、湿度和时间的关系如表 2-8 所示，请通过 Python 编码绘制气泡图。

表 2-8 空气 PM2.5 浓度表

温度	湿度	PM2.5 浓度
30	40	65
25	50	120
20	60	145
15	70	70
10	80	108
35	90	190

7. 请绘制出以下数据的箱形图，并指出其中的离群点，计算 Q_1、Q_3 和 IQR 值。

[50，56，57，68，72，80，94，98，102，105，116，135，141，149，162，396，403]

8. 某工厂生产的一款照明设备的各项指标如表 2-9 所示，请根据数据绘制出雷达图。

表 2-9 照明设备各项指标

稳固性	成本	创新点	外观	做工
8	6	7	9	6

第 3 章　数据预处理

现实世界的数据规模越来越大，数据中出现噪声、缺失值和不一致等现象越来越突出，呈现出的数据大体都是不完整和不一致的脏数据，我们无法直接进行数据挖掘或者数据挖掘质量较低。为了提高数据挖掘的质量，产生了数据预处理。数据预处理是指在进行数据挖掘的主要工作之前，对原始数据进行必要的清理、集成、转换和归约等一系列处理，使得数据达到进行知识获取所要求的规范和标准。

数据预处理中数据可视化就是为了让人们了解数据更深层次的东西。通过数据可视化，我们可以了解数据的三个方面：模式、关系和异常。模式即数据中的某种规律，比如某家网站不同时间各个板块的访问量随着时间推移变化不定，可以通过该网站提供的访问量数据分析出人们访问的哪个模块最多，从而分析出需求，进一步完善该网站等；关系即指各因素之间的相关性，也指各个图形之间的关联，比如炼铁厂的一份关于炼铁质量和时间的数据，通过线性回归分析可以找出炼铁质量和时间之间的关系，从而分析出什么时间炼铁质量最好；异常数据即问题数据，异常数据不一定全部是错误数据，也有可能是在采集或者记录时发生的错误。通过异常分析，可以对设备检查、员工工作态度、制度的漏洞等多方面进行考察。

3.1　数　据　度　量

3.1.1　数据度量标准

为了通过数据预处理得到想要的数据，方便人们对数据的处理和使用，通常会对数据进行汇总统计。汇总统计是将繁琐和无意义的数据量化，用单个数或者小集合捕获可能很大的值集合的各种特征，便于做后续的算法分析等操作，后续数据处理得出的结论也会更准确。我们已经知道，描述数据集中趋势的度量有均值（Mean）、中位数（Median）、众数（Mode）、中列数（Midrange），描述数据离散程度的度量有四分位数（Quartiles）、四分位数极差（IRQ）、方差（Variance）、极差（Range），其他度量标准还有以下几种。

（1）精度（Precision）：（相同量）重复测量之间的封闭性，通常用值集合的标准差度量，表示观测值与真值的接近程度。

（2）偏倚（Bias）：测量值对真值的偏离，包括测量仪器不准，样本过小，抽样不随机，测量者有主观倾向等。偏倚用值集合的均值与被测量的已知值之间的差度量。

（3）准确率（Accuracy）：被测量的测量值与实际值之间的接近度，表示数据测量误差的程度。准确率的重要考虑是有效数字（Significant Digit）。

（4）完整性（Completeness）：记录的缺失，比如一个对象遗漏一个或多个属性值，包括实体完整性（Entity Integrity）、域完整性（Domain Integrity）和参照完整性（Referential Integrity）。

(5) 一致性(Consistency)：多个数据间更新的同步情况，包括数据记录的规范和数据逻辑的一致性。

(6) 时效性(Timeliness)：数据是否及时更新。

(7) 可信性(Believability)：数据是否可以值得作为依据。

(8) 解释性(Interpretability)：数据是否能够解释一种现象或者趋势。

3.1.2 数据归一化

不同评价指标往往具有不同的量纲和量纲单位，这又会影响到数据分析的结果。为了消除指标之间的量纲影响，需要进行数据标准化处理，以解决数据指标之间的可比性。原始数据经过数据标准化处理后，各指标处于同一数量级，适合进行综合对比评价。数据归一化是将数据按比例缩放，使之落入一个小的特定区间。在比较和评价的指标处理中经常会用到，简单来说就是去除数据的单位限制，将其转化为无量纲的纯数值，便于不同单位或量级的指标能够进行比较和加权。

目前数据标准化处理方法有多种，归结起来可分为直线型方法(如极值法、标准差法)、折线型方法(如三折线法)和曲线型方法(如半正态性分布)。不同的标准化方法对系统的评价结果会产生不同的影响。但在数据标准化处理方法的选择上，还没有通用的法则可以遵循。

数据标准化处理方法最典型的就是数据的归一化处理，把数变为(0,1)之间的数来处理。其目标是为了数据处理更加方便，把有量纲表达式变为无量纲表达式，这样既保证了运算的便捷，也能凸出物理量的本质含义。数据进行归一化处理后，提升了模型的收敛速度和模型精度，让不同维度之间的特征在数值上有一定比较性，能大大提高分类器的准确性。

常用的归一化两种方法是 Min-Max 标准化(Min-Max Normalization)和 Z-score 标准化。

1. Min-Max 标准化

Min-Max 标准化也称为离差标准化，是对原始数据的线性变换，使结果值映射到[0,1]中。变换函数如下面公式所示：

$$x^* = \frac{x-\min}{\max-\min} \tag{3-1}$$

其中，max 为样本数据的最大值，min 为样本数据的最小值，x 是归一化之前的值，x^* 是归一化后的值。这种方法的缺陷是当有新数据加入时，可能导致 max 和 min 的变化，需要重新定义。

2. Z-score 标准化

这种方法基于原始数据的均值和标准差进行数据的标准化。经过处理的数据符合标准正态分布，即均值为 0，标准差为 1，转化函数如下式所示：

$$x^* = \frac{x-\mu}{\sigma} \tag{3-2}$$

其中，μ 为所有样本数据的均值，σ 为所有样本数据的标准差。

【示例 3-1】 Min-Max 标准化。有 40 个数据，分别为：790,3977,849,1294,1927,1105,204,1329,768,5037,1135,1330,1925,1459,275,1487,942,2793,820,814,1617,942,155,976,916,2798,901,932,1599,910,182,1135,1006,2864,1052,1005,1618,839,196,1081。Min-Max 标准化处理过程见代码 3-1 所示。

代码 3 - 1　利用 Matlab 实现 Min-Max 标准化

X=[790 3977 849 1294 1927 1105 204 1329　768 5037 1135 1330 1925 1459 275 1487 942 2793 820 814 1617 942 155 976 916 2798 901 932 1599 910 182 1135 1006 2864 1052 1005 1618 839 196 1081];

　[A1,PS]=mapminmax(X)　％　*A1 是归一化后的数据*

【示例 3 - 2】　Z-score 标准化。同样是示例 3 - 1 中的 40 个数。Z-score 标准化实现过程见代码 3 - 2 所示。

代码 3 - 2　利用 Matlab 实现 Z-score 标准化

X=[790 3977 849 1294 1927 1105 204 1329　768 5037 1135 1330 1925 1459 275 1487 942 2793 820 814 1617 942 155 976 916 2798 901 932 1599 910 182 1135 1006 2864 1052 1005 1618 839 196 1081];
　％　方法一
　[Z,mu,sigma] = zscore(X)
　％　方法二
　[s t] = size(X)
　Y=(X－repmat(mean(X),s,1))./repmat(std(X),s,1);

3.1.3　数据清洗

数据的预处理方法有很多种,其中数据清洗(Data Cleaning)占据了数据预处理方法中的一大部分,数据清洗是对数据进行重新审查和校验的过程,目的在于删除重复信息、纠正存在的错误并检查数据一致性。

1. 数据清洗

从名字上看,数据清洗就是把"脏"的数据"洗掉",它是发现并纠正数据文件中可识别的错误的最后一道程序,包括检查数据一致性、处理无效值和缺失值等。数据仓库中的数据是面向某一主题的数据的集合,这些数据从多个业务系统中抽取而来且包含历史数据,这样难免有的数据是错误数据、有的数据相互之间有冲突,这些错误的或有冲突的数据显然是人们不想要的,这就是"脏数据"。数据清洗的任务就是过滤那些不符合要求的数据。数据清洗与问卷审核不同,录入后的数据清理一般是由计算机完成,而不是由人工完成。

数据清洗的方法主要分为对数据缺失值的处理、对异常值的处理和对噪声的处理三部分。对于数据缺失值的处理,通常使用的方法有下面几种。

1) 删除缺失值

当样本数很多,并且出现缺失值的样本在整个样本中的比例相对较小时,将出现有缺失值的样本直接丢弃。这是一种很常用的策略,也是最简单有效处理缺失值的方法。

2) 均值填补法

根据缺失值的属性相关系数最大的这个属性把数据分成几个组,然后分别计算每个组的均值,把这些均值放入缺失的数值里面。

3）热卡填补法

对于一个包含缺失值的变量，在数据库中找到一个与它最相似的对象，然后用这个相似对象的值来进行填充，这就是热卡填充法。不同的问题可能会选用不同的标准来对相似对象进行判定。最常见的是使用相关系数矩阵来确定哪个变量（如变量 Y）与缺失值所在变量（如变量 X）最相关。然后把所有变量按 Y 的取值大小进行排序，则变量 X 的缺失值就可以用排在缺失值前的那个 X 的数据来代替。

还有类似于最近距离决定填补法、回归填补法、多重填补法、K-最近邻法、有序最近邻法、基于贝叶斯的方法等。

2. 异常值处理

异常值通常被称为"离群点"，对于异常值的处理，通常使用的方法有下面几种。

1）简单的统计分析

拿到数据后可以对数据进行一个简单的描述性统计分析，比如最大最小值可以用来判断这个变量的取值是否超过了合理的范围，如客户的年龄为 −20 岁或 200 岁，显然是不合常理的，为异常值。

2）3∂原则

如果数据服从正态分布，在 3∂ 原则下，异常值为一组测定值中与平均值的偏差超过 3 倍标准差的值。如果数据服从正态分布，距离平均值 3∂ 之外的值出现的概率为 $P(|x-u|>3\partial)\leqslant0.003$，属于极个别的小概率事件。如果数据不服从正态分布，也可以用远离平均值的多少倍标准差来描述。

3）箱型图分析

箱型图提供了识别异常值的一个标准：如果一个值小于 QL＋1.5IQR 或大于 QU−1.5IQR 的值，则被称为异常值。QL 为下四分位数，表示全部观察值中有四分之一的数据取值比它小；QU 为上四分位数，表示全部观察值中有四分之一的数据取值比它大；IQR 为四分位数间距，是上四分位数 QU 与下四分位数 QL 的差值，包含了全部观察值的一半。利用箱型图判断异常值的方法以四分位数和四分位距为基础，四分位数具有鲁棒性：25％的数据可以变得任意远并且不会干扰四分位数，所以异常值不能对这个标准施加影响。用箱型图识别异常值比较客观，所以有一定的优势。

4）基于模型检测

建立一个数据模型，异常值是那些与模型不能完美拟合的对象；如果模型是簇的集合，则异常值是不显著属于任何簇的对象；在使用回归模型时，异常值是相对远离预测值的对象。

5）基于距离

通常可以在对象之间定义邻近性度量，异常对象是指那些远离其他对象的对象。

6）基于密度

当一个点所处区域的局部密度显著低于它的大部分近邻点所处区域的局部密谋（即周围点的密度值）时才将其分类为离群点。基于密度的异常值处理适合非均匀分布的数据。

7）基于聚类

如果一个对象不强属于任何簇，则这个对象是基于聚类的离群点。离群点对初始聚类会产生影响。如果通过聚类检测离群点，则由于离群点影响聚类，会存在结构是否有效的问题。为了处理该问题，可以使用如下方法：对象聚类，删除离群点，对象再次聚类（但这不能保证产生最优结果）。

3. 噪音

噪音是被测量变量的随机误差或方差。对于噪音的处理，通常有下面两种方法。

1）分箱法

分箱法通过考察数据的"近邻"来光滑有序数据值。这些有序的值被分布到一些"桶"或"箱"中。由于分箱法考察近邻的值，因此它进行的是局部光滑。用箱均值光滑：箱中每一个值被箱中的平均值替换。用箱中位数平滑：箱中的每一个值被箱中的中位数替换。用箱边界平滑：箱中的最大和最小值同样被视为边界，箱中的每一个值被最近的边界值替换。一般而言，宽度越大，光滑效果越明显。箱也可以是等宽的，其中每个箱值的区间范围是个常量。分箱法也可以作为一种离散化技术使用。

2）回归法

回归法即用一个函数拟合数据来光滑数据。线性回归涉及找出拟合两个属性（或变量）的"最佳"直线，使得一个属性能够预测另一个。多线性回归是线性回归的扩展，涉及多于两个属性，并且数据拟合到一个多维面。使用回归法找出适合数据的数学方程式，能够帮助消除噪声。

3.1.4　数据预处理的其他方法

除了数据清洗以外，数据集成、数据变换、数据归约等方法也是有效的数据预处理方法。这些数据处理技术在数据挖掘之前使用，能提高数据挖掘模式的质量，同时提高结论的正确率，也会大大降低实际挖掘中所需要的时间。

数据集成是把不同来源、格式、特点性质的数据在逻辑上或者物理上有机地集中，将多个数据源中的数据结合起来存放在一个一致的数据存储器中，从而为企业提供全面的数据共享。在现有的数据集成领域，通常采用联邦式、基于中间件模型和数据仓库等方法来构造集成的系统，每个技术都有不同的解决重点，企业可以依据需要解决问题的不同，采取不同的技术和应用方案解决数据共享，以此达到为企业服务的目的。简单地说，数据集成就是将各种各样类型的数据通过一定的规则集合成一类数据的过程，如图 3-1 所示。

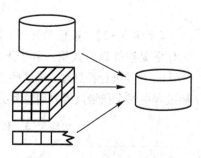

图 3-1　数据集成示意图

数据变换是通过平滑、聚集操作、数据泛化、数据标准化、特征创建等方式将数据转换成适用于数据挖掘的形式。

数据归约主要解决数据挖掘时数据量大的问题。在少量的有效信息上进行数据挖掘分析需要浪费很多时间，因此，可以采用数据归约技术来对数据进行数据集的归约表示，它的数据量会比之前小得多，但不会破坏原数据的完整性。总而言之，数据归约是在尽可能保持数据原貌的前提下，最大限度地精简数据量（完成该任务的必要前提是理解挖掘任务和熟悉数据本身内容）。数据归约主要有属性选择和数据采样两个途径，分别针对原始数据集中的属性和记录。数据归约的基本方法有数据立方体聚集、维度归约、数据压缩、数值归约、离散化和概念分层等。数据归约示意图如图 3-2 所示。

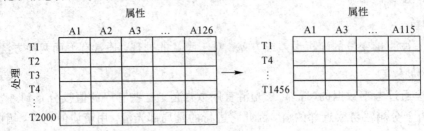

图 3-2 数据归约示意图

数据预处理的步骤中用到的方法主要就是数据的清理、集成、变换和归约，在处理过程中不断地反复执行这四个步骤，直到得到最后的验证模型。数据预处理的大致步骤如图 3-3 所示。

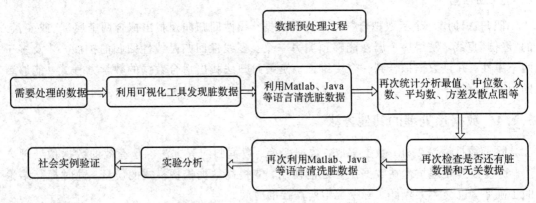

图 3-3 数据预处理步骤

【示例 3-3】 数据预处理。以 Mnist 数据集为基础，先从网站上下载好 Mnist 数据集，用作需要被处理的数据。由于下载的数据是二进制文件，Matlab 无法识别，因此需要用 Python 对其进行预处理，将这些二进制文件转换成以像素点存储的后缀名是. csv 的文件，存储过程中每个像素点需要用逗号分隔开才能被 Matlab 软件使用。具体实现过程见代码3-3。

代码 3-3 利用 Python 将二进制文件转换为 28×28 图片

```python
import matplotlib. pyplot as plt
from TensorFlow. examples. tutorials. mnist import input_data
mnist = input_data. read_data_sets('数据存放位置',one_hot=True)
train_nums = mnist. train. num_examples
validation_nums = mnist. validation. num_examples
test_nums = mnist. test. num_examples
print('MNIST 数据集的个数')
```

```
print('>>>train_nums=%d'  %  train_nums,'\n',
     '>>>validation_nums=% d'  %  validation_nums,'\n',
     '>>>test_nums=% d'  %  test_nums,'\n')
train_data = mnist.train.images     # 所有训练数据
val_data = mnist.validation.images      # (5000,784)
test_data = mnist.test.images       # (10000,784)
print('>>>训练集数据大小：',train_data.shape,'\n',
     '>>>一幅图像的大小：',train_data[0].shape)
train_labels = mnist.train.labels    # (55000,10)
val_labels = mnist.validation.labels   # (5000,10)
test_labels = mnist.test.labels      # (10000,10)
print('>>>训练集标签数组大小：',train_labels.shape,'\n',
     '>>>一幅图像的标签大小：',train_labels[1].shape,'\n',
     '>>>一幅图像的标签值：',train_labels[0])
batch_size = 100     # 每次批量训练 100 幅图像
batch_xs,batch_ys = mnist.train.next_batch(batch_size)
print('使用 mnist.train.next_batch(batch_size)批量读取样本\n')
print('>>>批量读取 100 个样本：数据集大小=',batch_xs.shape,'\n',
     '>>>批量读取 100 个样本：标签集大小=',batch_ys.shape)
#   xs是图像数据(100,784);ys是标签(100,10)
plt.figure()
for i in range(100):
im = train_data[i].reshape(28,28)
im = batch_xs[i].reshape(28,28)
plt.imshow(im,'gray')
plt.pause(0.0000001)
plt.show()
```

由于数据量太大，在此仅选取一部分作为展示，此处就是将二进制文件转换成了 28×28 的图片，后续处理只需要再将其转换为像素点即可，转换过程见代码 3-4，运行结果如图3-4所示。

代码 3-4 利用 Python 将 28×28 图片转换成 1×784 像素点

```
def convert(imgf, labelf, outf, n):
    f = open(imgf, "rb")
    o = open(outf, "w")
    l = open(labelf, "rb")
    f.read(16)
    l.read(8)
    images = []
    for i in range(n):
        image = [ord(l.read(1))]
        for j in range(28 * 28):
```

```
image. append(ord(f. read(1)))
images. append(image)
    for image in images：
o. write(","。join(str(pix) for pix in image) + "\n")
f. close()
o. close()
l. close()
convert("训练集数据存放位置","训练集标签存放位置",
        "mnist_train. csv",60000)  # 训练集名称
convert("测试集数据存放位置","训练集数据存放位置",
        "mnist_test. csv",10000)  # 测试集名称
print("Convert Finished!")  # 转换完成
```

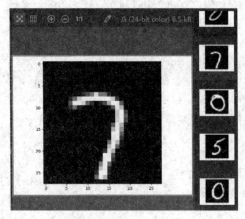

图 3-4　28×28 图片

将 28×28 像素点的图片处理成 1×784 像素点后存储为后缀名为.csv 的文件，这些数据就是预处理好的数据，可以直接导入 Matlab 进行使用，预处理完成后的训练集和测试集数据如图 3-5 所示。训练集中一共有 60 000 张图片，数据格式为 60 000 行 785 列（见代码 3-5），第一列为标签列，标出这一张图片属于 1～9 的哪一类；测试集中一共有 10 000 张图片，数据格式内容等与训练集相同。

代码 3-5　预处理完成后生成的文件

mnist_test，csv	2019/6/20 9:16	XLS 工作表	17 871 KB
mnist_train. csv	2019/6/20 9:46	XLS 工作表	107 067 KB

3.2　实　验　与　代　码

将 jpg 文件夹下的图片转换成数据集，要求如下：
① 将图片转成灰度图；
② 将图片缩放至 64×64；

③ 数据集每一行为一张图片的数据；

④ 每 80 张图片为一类，在每行数据的最后一列加上标签。

参考代码见代码 3 - 6。

代码 3 - 6　利用 Matlab 处理图像

```
file_path='jpg\';%  图像文件夹路径
img_path_list = dir(strcat(file_path,'*.jpg'));%  获取该文件夹中所有 jpg 格式的图像
img_num = length(img_path_list);%  获取图像总数量
img_data = [];%  列矩阵，一幅图像
for j=1:img_num    %  逐一读取图像
image_name=img_path_list(j).name;%  图像名
img = imread(strcat(file_path,image_name));
img = rgb2gray(img);%  转为灰度
img=imadjust(img);
%  使得图像中 1% 的数据饱和至最低和最高亮度
img = imresize(img,[64,64],'nearest');
%  改变图像的大小，'nearest'(默认值)最近邻插值
[irow,icol] = size(img);%  得到图片大小
temp = reshape(img,irow*icol,1);%  将二维图片转为一维向量
temp = [temp;floor(j/80)+1];
%  分类标签，每 80 张为一类，这里会有一个错误，在最后统一修改
img_data = [img_data,temp];%  每张图片的信息作为数据集的一列
end
img_data = img_data';%  转成一行一张图片数据
%  修改上面分类标签的时候被 80 整除的错误标签
for i=1:17
img_data(80*i,4097) = img_data(80*i,4097) - 1;
end
```

本 章 小 结

数据预处理是智能分析与智能决策的第一步，作用非常重要。通常，网上提供的公共数据集(例如 iris 数据集、房价数据、电影评分数据集、Mnist 数据集等)都是经过人工处理过的，这些数据的质量都相对较好。实际项目中的数据往往是杂乱无章的(主要是指数据不完整、数据重复、数据长度不一、数据值为空等)。如果期望分析算法获得较好的效果，就必须对数据进行预处理。

机器学习的时代，数据是最重要的，不同质量的数据经过相同的模型训练后获得的预测结果差距甚远。在真实数据中，数据可能包含了大量的缺失值，可能包含大量的噪音，也可能因为人工录入错误(例如医生的就医记录)导致存在异常点，对分析和决策的有效信息造成了干扰，需要运用数据预处理的方法，尽量提高数据的质量。

练 习 题

1. 数据清洗常用的几种方法有哪些？
2. 噪音处理常用的方法有哪几种？分别进行描述。
3. 现有 70 个数据样本，请用 Min-Max 标准化和 Z-score 标准化对其按列进行处理。

$$X=[1047.92\ 1047.83\ 0.39\ 0.39\ 1.0\ 3500\ 5075;$$
$$1047.83\ 1047.68\ 0.39\ 0.40\ 1.0\ 3452\ 4912;$$
$$1047.68\ 1047.52\ 0.40\ 0.41\ 1.0\ 3404\ 4749;$$
$$1047.52\ 1047.27\ 0.41\ 0.42\ 1.0\ 3356\ 4586;$$
$$1047.27\ 1047.41\ 0.42\ 0.43\ 1.0\ 3308\ 4423;$$
$$1046.73\ 1046.74\ 1.70\ 1.80\ 0.75\ 2733\ 2465;$$
$$1046.74\ 1046.82\ 1.80\ 1.78\ 0.75\ 2419\ 2185;$$
$$1046.82\ 1046.73\ 1.78\ 1.75\ 0.75\ 2105\ 1905;$$
$$1046.73\ 1046.48\ 1.75\ 1.85\ 0.70\ 1791\ 1625;$$
$$1046.48\ 1046.03\ 1.85\ 1.82\ 0.70\ 1477\ 1345;]$$

4. 将 jpg 文件夹下的图片转换成数据集，要求如下：
① 将图片缩放至 128×128；
② 数据集每一列为一张图片数据；
③ 在每列数据的最后一行加上标签。
参考代码见代码 3-7 所示。

代码 3-7 练习题 4 参考代码

```
file_path='jpg\';  %  图像文件夹路径
img_path_list = dir(strcat(file_path,'*.jpg'));  %  获取该文件夹中所有jpg格式的图像
img_num = length(img_path_list);  %  获取图像总数量
img_data = [];   %  列矩阵，一幅图像
for j=1:img_num    %  逐一读取图像
image_name=img_path_list(j).name;   %  图像名
img = imread(strcat(file_path,image_name));
img=imadjust(img);
%  使得图像中1% 的数据饱和至最低和最高亮度
img = imresize(img,[128,128],'nearest');
%  改变图像的大小，'nearest'（默认值）最近邻插值
[irow,icol] = size(img);  %  得到图片大小
temp = reshape(img,irow*icol,1);  %  将二维图片转为一维向量
temp = [temp;floor(j/80)+1];
%  分类标签，每80张为一类，这里会有一个错误，在最后统一修改
img_data = [img_data,temp];  %  每张图片的信息作为数据集的一列
end
```

5. 描述数据集中趋势的度量方法有哪几种？

第 4 章　线性回归算法

在大数据分析中，回归分析（Regression Analysis）是一种预测性建模技术，研究因变量（目标）和自变量（预测器）之间的因果关系，其表达形式为 $y = w'x + e$，e 为误差，服从均值为 0 的正态分布。回归分析使用逐次回归分析法进行变量的筛选以生成最优回归模型：将因子逐个引入，引入因子的偏回归平方和经检验是显著的。同时，每加入一个因子后，要对原来的因子逐个检验，将偏回归平方和变为不显著的因子删除。最后，对最终生成的回归模型进行方差分析和假设检验，判断最终得到的回归方程是否有意义。

本章主要学习回归类中的一种线性回归，线性回归算法属于监督学习类型。线性回归是利用数理统计中的回归分析，来确定两种或两种以上变量间相互依赖的定量关系的一种统计分析方法。当只有一个自变量的时候，称为一元线性回归，当有多个自变量的时候，称为多元线性回归。通俗地讲，就是将真实的数据映射到坐标轴中，这些数据在坐标轴中呈现偏向线状的形状，然后构建一个函数，能够让这个函数对应的数据尽量接近真实数据，让这个函数在坐标轴上画出来的图像尽量穿过真实数据中所有的点，尽量让所有的点距离构建出的函数所呈现在坐标轴上的线的差距最小。

4.1　多项式拟合

假设一个包括 N 个样本的数据集 $\{(x_n, t_n) | n=1, 2, \cdots, N\}$，其中，$x_n$ 和 t_n 均为一维数据样本。多项式拟合的目的是寻找一个函数 $y = f(x)$，使得对每个 x_n 的预测结果尽可能接近 t_n，该多项式描述为

$$y(x, a) = a_0 + a_1 x + a_2 x^2 + \cdots + a_m x^m = \sum_{i=0}^{m} a_i x_i \tag{4-1}$$

其中，$\boldsymbol{A} = [a_0, a_1, \ldots, a_m]^{\mathrm{T}}$ 是每一阶多项式对应的系数。图 4-1 展示了当 $m=1$ 时的函数 $y = f(x)$。

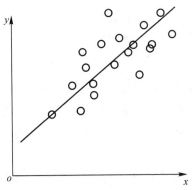

图 4-1　多项式拟合的线性函数

当式(4-1)的形式确定后，需要优化 A，此时，需要定义误差函数对 A 不断迭代优化。给定误差函数如下：

$$E(A) = \frac{1}{2}\sum_{n=1}^{N}(y(x_n;A)-t_n)^2 \qquad (4-2)$$

将式(4-1)代入式(4-2)，得

$$E(A) = \frac{1}{2}\sum_{n=1}^{N}\left(\sum_{i=1}^{m}a_i x_i - t_n\right)^2 \qquad (4-3)$$

A 的求解公式较为复杂，感兴趣的同学可以进一步学习。

4.2 线性回归算法

4.2.1 一元线性回归算法

回归分析方法是确定两种或两种以上变量之间相互依赖的定量关系的一种统计分析方法。自变量取值一定时，因变量的取值带有一定的随机性，这两个变量之间的关系叫做相关关系。现实中存在着大量的相关关系，比如人的身高和年龄、产品的成本与生产数量、商品的销售额与广告费、家庭的支出与收入等。从一组样本数据出发，确定变量之间的数学关系式，对关系式的可信程度进行各种统计检验，并从影响某一特定变量的诸多变量中找出影响显著的变量和影响不显著的变量，利用所求的关系式，根据一个或多个变量的取值来预测另一个特定变量的取值，并给出这种预测的精确程度。回归模型的分类如图 4-2 所示。

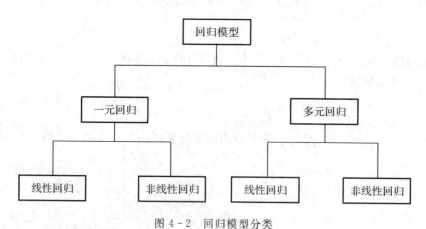

图 4-2 回归模型分类

一般地，建立回归模型的基本步骤为：

(1) 确定研究对象，明确哪个变量是解析变量，哪个变量是预报变量。

(2) 画出确定好的解析变量和预报变量的散点图，观察它们之间的关系(如是否存在线性关系等)。

(3) 由经验确定回归方程的类型(比如观察到数据呈线性关系，则选用线性回归方程 $y=bx+a$)。

（4）按一定规则估计回归方程中的参数（如最小二乘法）。

（5）得出结果后分析残差图是否有异常（个别数据对应残差过大，或残差呈现不随机的规律性等），如果存在异常，检查数据是否有误，或模型是否合适等。

在回归分析中，线性回归分析是人们最熟知的建模技术之一，人们通常会选择线性回归来预测模型。在线性回归中，只包括一个自变量和一个因变量，且二者的关系可用一条直线近似表示，这种回归分析称为一元线性回归分析。

描述因变量 y 如何依赖于自变量 x 和误差项 c 的方程称为回归模型，一元线性回归模型可表示为 $y=kx+b+c$。在模型中，y 是 x 的线性函数加上误差项，线性部分反映了由于 x 的变化而引起的 y 的变化，误差项 c 是随机的，k 和 b 称为模型的参数。假设误差项的均值为 0，且方差未知。此外通常假设误差是不相关的，不相关的误差值不取决于其他误差的值。

对于一组具有线性相关关系的数据 $(x_1,y_1),(x_2,y_2),(x_3,y_3),\cdots,(x_n,y_n)$，回归方程的截距和斜率的最小二乘估计计算方式如下：

$$
\begin{cases}
\hat{b}=\dfrac{\displaystyle\sum_{i=1}^{n}(x_i-\bar{x})(y_i-\bar{y})}{\displaystyle\sum_{i=1}^{n}(x_i-\bar{x})^2}=\dfrac{\displaystyle\sum_{i=1}^{n}x_iy_i-n\bar{x}\,\bar{y}}{\displaystyle\sum_{i=1}^{n}x_i^2-n\bar{x}^2}\\[6pt]
\hat{a}=\bar{y}-\hat{b}\bar{x}
\end{cases}
\qquad (4-4)
$$

其中 $\bar{x}=\dfrac{1}{n}\displaystyle\sum_{i=1}^{n}x_i$，$\bar{y}=\dfrac{1}{n}\displaystyle\sum_{i=1}^{n}y_i$，$(\bar{x},\bar{y})$ 称为样本中心点。在回归直线方程中，相应的直线叫做回归直线，对两个变量进行线性分析叫做线性回归。根据式（4-4），求解回归直线方程的步骤如下：

（1）求 $x=\dfrac{1}{n}\displaystyle\sum_{i=1}^{n}x_i$，$\bar{y}=\dfrac{1}{n}\displaystyle\sum_{i=1}^{n}y_i$。

（2）求 $\displaystyle\sum_{i=1}^{n}x_i^2$，$\displaystyle\sum_{i=1}^{n}x_iy_i$。

（3）代入公式（4-4）。

（4）写出直线方程 $y=\hat{b}x+\hat{a}$，即为所求的回归直线方程。

下面我们通过水稻产量 y 与施肥量 x 之间的关系案例详细介绍一元线性回归分析。

【示例 4-1】　有 7 对水稻产量和施肥量数据样本（如表 4-1 所示），请寻找其之间的关系。

表 4-1　水稻产量与施肥量数据样本

施化肥量 x	15	20	25	30	35	40	45
水稻产量 y	330	345	365	405	445	450	455

对于一组具有线性相关关系的数据 (x_1,y_1)，$(x_2,y_2),\cdots,(x_n,y_n)$，其回归方程的截

距和斜率的最小二乘估计见式(4-1)，实现过程参考代码 4-1。

代码 4-1　利用 Matlab 分析水稻产量与施肥量关系代码

```
clc;
clear;
x=[15 20 25 30 35 40 45];
y=[33 345 365 405 445 450 455];
x1=mean(x);
y1=mean(y);
xy=x. * y;
a=sum(x. * x);
b=sum(y. * y);
c=sum(x. * y);
%　相关系数
r=(c-7 * x1 * y1)/(sqrt((a-7 * x1^2) * (b-7 * y1^2)));　%　7是矩阵的列数
b1=(c-7 * x1 * y1)/(a-7 * x1 * x1);
a1=y1-b1 * x1;
```

通过 Matlab 运行结果，可以得到相关系数的值 r 为 0.8048，及 b_1 和 a_1 的值分别为 11.1143 和 23.4286，线性回归方程为 $y=23.4286+11.1143x$，当需要判断水稻产量需要多少时，就可以带入线性回归方程进行计算以求得最合适的施肥量。

在求出回归方程之后，如何来判断回归直线的拟合程度呢？我们可以利用判定系数 R^2 来反映回归直线的拟合程度，其取值范围在 $[0,1]$ 之间，判定系数等于相关系数的平方，即 $R^2=r^2$，相关系数 r 用来描述两个变量之间线性相关关系的强弱，具体如下：

$$R^2 = 1 - \frac{\sum_{i=1}^{n}(y_i - \hat{y}_i)^2}{\sum_{i=1}^{n}(\hat{y}_i - \bar{y})^2} \tag{4-5}$$

当 $R^2 \to 1$ 时，说明回归方程拟合得越好；当 $R^2 \to 0$ 时，说明回归方程拟合得越差。

$$r = \frac{\sum_{i=1}^{n}(x_i - \bar{x})(y_i - \bar{y})}{\sum_{i=1}^{n}(x_i - \bar{x})^2 \sum_{i=1}^{n}(y_i - \bar{y})^2} \tag{4-6}$$

当 $r \in [0.75,1]$ 时，表示两个变量正相关很强；当 $r \in [-1,-0.75]$ 时，表示两个变量负相关很强；当 $r \in [-0.25,0.25]$ 时，表示两个变量负相关性较弱。

我们通过下面的案例来学习怎么计算判定系数 R^2，判断回归直线方程拟合效果的好坏。

【示例 4-2】 已有商品的价格 x 和需求量 y 的数据样本 5 个（如表 4-2 所示），求出 y 对应的回归直线方程，并说明拟合效果的好坏。

表 4－2　商品的价格和需求量数据样本

价格 x	14	16	18	20	22
需求量 y	12	10	7	5	3

解： 因为

$$\bar{x}=18,\bar{y}=7.4,\sum_{i=1}^{5}x_i^2=1660,\sum_{i=1}^{5}x_iy_i=620$$

所以

$$\hat{b}=\frac{\sum_{i=1}^{5}x_iy_i-5\,\bar{x}\,\bar{y}}{\sum_{i=1}^{5}x_i^2-5\,\bar{x}^2}=\frac{620-5\times18\times7.4}{1660-5\times18^2}\approx-1.15$$

$$\hat{a}=7.4+1.15\times18\approx28.1$$

回归直线方程为

$$\hat{y}=-1.15x+28.1$$

列出残差值如表 4－3 所示。

表 4－3　需求量的残差值

$y_i-\hat{y}_i$	0	0.3	−0.4	−0.1	0.2
$y_i-\bar{y}$	4.6	2.6	−0.4	−2.4	−4.4

所以

$$\sum_{i=1}^{5}(y_i-\hat{y}_i)^2=0.3,\quad\sum_{i=1}^{5}(y_i-\bar{y})^2=53.2$$

$$R^2=1-\frac{\sum_{i=1}^{5}(y_i-\hat{y}_i)^2}{\sum_{i=1}^{5}(y_i-\bar{y})^2}\approx0.994$$

因而拟合的效果较好。

通过下面的案例来学习怎么计算相关系数 r，利用回归直线方程对总体进行线性相关性的检验。

【示例 4－3】　炼钢是一个氧化降碳的过程，钢水含碳量的多少直接影响冶炼时间的长短，必须掌握钢水含碳量和冶炼时间的关系。如果已测得炉料熔化完毕时，钢水的含碳量 x 与冶炼时间 y（从炉料熔化完毕到出钢的时间）的一列数据，如表 4－4 所示，请回答下列问题：

（1）判断 y 与 x 是否具有线性相关关系；

（2）如果具有线性相关关系，求回归直线方程 。

表 4-4 钢水的含碳量与冶炼时间数据样本

$x(0.01\%)$	104	180	190	177	147	134	150	191	204	121
$y(\min)$	100	200	210	185	155	135	170	205	235	125

解：(1) ① 计算 $x_i y_i$ 的值，具体值见表 4-5。

表 4-5 $x_i y_i$ 的值展示

i	1	2	3	4	5	6	7	8	9	10
x_i	104	180	190	177	147	134	150	191	204	121
y_i	100	200	210	185	155	135	170	205	235	125
$x_i y_i$	10400	36000	39900	32745	22785	18090	25500	39155	47940	15125

② 计算 $\bar{x}$、$\bar{y}$、x_i^2，y_i^2。

$$\bar{x}=159.8, \bar{y}=172$$

$$\sum_{i=1}^{10} x_i^2 = 265448, \sum_{i=1}^{10} y_i^2 = 312350, \sum_{i=1}^{10} x_i y_i = 287640$$

③ 计算 r 的值。

$$r = \frac{\sum_{i=1}^{10} x_i y_i - 10\bar{x}\cdot\bar{y}}{\sqrt{\left(\sum_{i=1}^{10} x_i^2 - 10\bar{x}^2\right)\left(\sum_{i=1}^{10} y^2 - 10\bar{y}^2\right)}} \approx 0.9906$$

因此，x 和 y 具有线性相关性，并且两个变量正相关性很强。

(2) 由(1)问所求的 r 的值可知 y 与 x 具有线性相关关系，设所求的回归方程为

$$\hat{y}=\hat{b}x+\hat{a}$$

所以

$$\hat{b} = \frac{\sum_{i=1}^{10} x_i y_i - 10\bar{x}\cdot\bar{y}}{\sum_{i=1}^{10} x_i^2 - 10\bar{x}^2} \approx 1.267$$

$$\hat{a} = \bar{y} - b\bar{x} \approx -30.51$$

所以回归直线方程为

$$y=1.267x-30.51$$

【示例 4-4】 有两个向量 $x=[1,3,2,1,3]$ 和 $y=[14,24,18,17,27]$，请计算其线性回归关系(计算过程见代码 4-2)。

代码 4-2 利用 Python 计算两个向量之间的线性回归关系

```
import numpy as np
import matplotlib.pyplot as plt
```

```
def fitSLR(x, y):
    #  训练简单线性模型
    n = len(x)        #  获取数据集长度
    dinominator = 0   #  分母
    numerator = 0     #  分子
    for i in range(0, n):
        numerator += (x[i] - np.mean(x)) * y[i]
        dinominator += (x[i] - np.mean(x)) ** 2
    b1 = numerator/float(dinominator)   #  回归线斜率
    b0 = np.mean(y) - b1 * np.mean(x)   #  回归线截距
    return b0, b1
def predict(x, b0, b1):
    #  根据学习算法做预测
    return b0 + x * b1
x = [1, 3, 2, 1, 3]
y = [14, 24, 18, 17, 27]
b0, b1 = fitSLR(x, y)
print("intercept:", b0, "slope:", b1)
x_test = 6
y_test = predict(6, b0, b1)
print("y_test:", y_test)
#  输出
#  intercept: 10.0   slope: 5.0
#  y_test: 40.0


y_perd = b0 + b1 * np.array(x)
plt.scatter(x, y)   #  散点图
plt.plot(x, y_perd, color='black')
plt.xlabel("x")
plt.ylabel("y")
plt.axis([0, 6, 0, 30])   #  设置横纵坐标的范围
plt.show()
```

4.2.2 多元线性回归算法

多元线性回归使用多个独立变量,通过拟合最佳线性关系来预测因变量。多元线性回归方程如下:

$$y = b_0 + b_1 x_1 + b_2 x_2 + \cdots + b_k x_k + \varepsilon$$

其中每个 x_i 必须是相互独立的,b_i 表示回归系数,ε 为随机误差。

1. 评价指标

多个独立变量之间的关系评价指标主要有以下几个:

1）非标准化系数（Unstandardized Coeffocoents）

非标准化系数b_i在几何上表现为斜率，其数值与实际的自变量数值的单位之间无法进行比较。为了对非标准化系数的准确性进行度量，使用非标准化系数误差（SER）对样本统计量的离散程度和误差进行衡量，SER 也称为标准误差。标准误差表示样本平均值作为总体平均估计值的准确性，SER 值越小，说明系数预测的准确性越高。

2）标准化系数（Standardized Coeffocoents）

在多元线性回归分析中，由于各自变量的单位可能不一致，因此很难看出哪一个自变量的权重更高，为了比较各自变量的相对重要性，将系数进行标准化处理，标准化系数大的自变量重要性就高。

3）t检验及其显著性水平（Sig）

t值是由系数除以标准误差得到的，t值相对越大表示模型能有越高的精度估计系数，其 Sig 指标小于 0.05 说明显著性水平较高；如果 t 值较小且 Sig 指标较高，说明变量的系数难以确认，需要将其从自变量当中剔除，然后继续进行后面的分析。

4）B 的置信区间（95% Confidence Interval for B Upper/Lower Bound）

检验 B 的显著性水平，主要为了弥补 t 检验和 Sig 值的不足，如果 B 的置信区间下限和上限之间包含了 0 值，即下限小于 0 而上限大于 0，则说明变量不显著。

2. 多元线性回归步骤

1）建立模型

下面用矩阵的形式来说明多元线性回归的原理：

$$\begin{cases} 总体回归模型：Y=X\beta+\mu \\ 样本回归模型：Y=X\hat{\beta}+e \end{cases}$$

$$\begin{cases} 总体回归函数：E(Y|X)=X\beta \\ 样本回归函数：\hat{Y}=X\hat{\beta}（其中，\hat{\beta}\rightarrow\beta；e\rightarrow\mu；\hat{Y}\rightarrow E(Y|X)） \end{cases}$$

2）参数估计

利用最小二乘法进行参数估计，其思想就是寻找使残差平方和 e 最小的回归系数。其损失函数可以定义如下：

$$Q=e^2-(Y-X\hat{\beta})(Y-X\beta)-Y'Y-2\hat{\beta}X'Y+\hat{\beta}X'X\hat{\beta}$$

对参数求偏导：

$$\frac{\delta Q}{\delta\hat{\beta}}=-2X'Y+2X'X\hat{\beta}=0$$

可解得：

$$\hat{\beta}=(X'X)^{-1}X'Y$$

3）显著性检验

（1）拟合优度检验：

多重判定系数：$R^2=\dfrac{\text{SSR}}{\text{SST}}$。随着自变量的增加，$R^2$ 也会变大，为了避免高估R^2，一般使用调整的多重判定系数$R_a^2 = 1 - (1 - R^2) \times \dfrac{n-1}{n-k-1}$。若$R_a^2$越接近于1，则表示拟合越好。

均方误差：$MSE = \dfrac{SSE}{n-k-1}$。MSE反映了用估计的回归方程预测因变量y时预测误差的大小，MSE越小，说明效果越好。

（2）回归方程的显著性检验（F检验）：用于检验因变量同多个自变量的整体线性关系是否显著。

（3）回归系数的显著性检验（t检验）：用于判断每个自变量对因变量的影响是否都显著。

4）古典假定的检验与调优

若回归模型的效果不好，则需要查找原因，对模型进行古典假定的检验和调优，主要考虑自变量的多重共线性，对自变量进行筛选，即变量选择。

3. 多重共线性

多重共线性研究的是程度问题，它是样本特征，根据给定的样本，可以测度该样本的多重共线性程度。多重共线性对回归分析结果影响的程度，不仅取决于它的强弱，还取决于共线性变量在模型中的重要性。多重共线性产生的原因主要有：经济变量之间具有共同变化趋势；利用截面数据建立模型也可能出现多重共线性；模型中包含滞后变量；样本数据的自身原因等。多重共线性有完全多重共线性和不完全多重共线性两种情形。

完全多重共线性违反了古典假定，产生的后果是参数的最小二乘估计量不确定且其方差变为无穷大。不完全多重共线性没有违反古典假定，它产生的后果有：估计结果不好解释；参数估计值的方差增大；参数估计的置信区间变大；假设检验容易作出错误的判断等。

4. 多重共线性的检验

多重共线性的"经典"特征R^2较高，F统计量的值很大和显著性水平很高但参数t检验显著的不多。如果一个回归分析结果中存在这些特征，则应考虑是否存在多重共线性问题。

还可以通过以下几种方法判断多重共线性的程度：

（1）容忍度。容忍度越小，多重共线性越严重。通常任务容忍度小于0.1时存在严重的多重共线性。

（2）方差扩大因子（VIF）。VIF越大，多重共线性越严重。通常VIF的值大于10时存在严重的多重共线性。

5. 克服多重共线性的方法

（1）直接经验法：包括增加样本值、删去不重要的解释变量、利用"先验信息"、截面数据和时间序列数据并用、变量变换、变换模型形式等。

（2）最优子集法：通过对所有可能的变量组合模型一一进行测试，利用判别准则（如AIC（最小化信息量准则），BIC（贝叶斯信息准则），Cp（马洛斯准则））得到最优的自变量组合。其缺点是计算量太大，适合于筛选变量较少的情况。

（3）逐步回归法：与最优子集法类似，不同之处在于不对所有模型进行测试，而是采用向前选择、向后剔除的方式进行模型测试，然后通过判别准则选出最好的自变量组合。

（4）岭回归法：一种改良的最小二乘估计法，通过放弃最小二乘法的无偏性，以损失部分信息、降低精度为代价，获得回归系数更符合实际、更可靠的回归方法，该方法对病态数据的拟合要强于最小二乘法。

（5）Lasso 回归法：一种压缩估计方法，通过对最小二乘估计加入罚约束，使某些系数为 0，从而筛选出一组合适的自变量。

（6）变量降维法：主要有主成分回归（PRC）和偏最小二乘回归（PLS）两种方法。它们是通过把 k 个预测变量投影到 m 维空间（$m < k$），利用投影得到的不相关的自变量组合建立线性模型。它们的不同之处在于 PRC 选择自变量的方法与因变量无关，而 PLS 则考虑了与因变量的相关性。

4.3 实 验 与 代 码

【示例 4-5】 测得 16 名女子的身高和腿长如表 4-6 所示（单位：cm），试研究这些数据之间的关系。

表 4-6 身高和腿长的数据样本

身高	143	145	146	147	149	150	153	154
腿长	88	85	88	91	92	93	93	95
身高	155	156	157	158	159	160	162	164
腿长	96	98	97	96	98	99	100	102

具体实现过程见代码 4-3。

代码 4-3 利用 Matlab 处理示例 4-5

```
x = [143 145 146 147 149 150 153 154 155 156 157 158 159 160 162 164];
y = [88 85 88 91 92 93 93 95 96 98 97 96 98 99 100 102];
X = [ones(length(y),1),x'];
Y = y';     %  取得转置矩阵
[b,bint,r,rint,stats] = regress(Y,X);
%  b 回归系数
%  bint 回归系数的区间估计
%  r 残差
%  rint 残差置信区间
%  stats 用于检验回归模型的统计量,有四个数值:相关系数R²、F值、与F对应的概率P、
%  误差方差。相关系数R² 越接近 1,说明回归方程越显著;
%  与F对应的概率P<α(α 为显著性水平,默认为 0.5)时拒绝 H0,回归模型成立。P
%  值在0.01 至 0.05 之间,P 越小越好
fx=b(1)+b(2) * x;
figure(1);
rcoplot(r,rint)
figure(2);
plot(x,Y,'k+',x,fx,'r')
```

本 章 小 结

线性回归的任务是找到一个从特征空间 X 到输出空间 Y 的最优的线性映射函数。假设线性回归是个黑盒子，那这个黑盒子就是个函数。需要往该函数传入一些参数作为输入，得到结果作为输出。

回归是监督学习的一个重要问题，回归用于预测输入变量和输出变量之间的关系，特别是当输入变量的值发生变化时，输出变量的值也随之发生变化。回归模型正是表示从输入变量到输出变量之间映射的函数。只有一个自变量的情况称为单变量回归，多于一个自变量的情况叫做多元回归。

线性模型形式简单、易于建模，但却蕴含着机器学习中一些重要的基本思想。线性回归是利用数理统计中回归分析，来确定两种或两种以上变量间相互依赖的定量关系的一种统计分析方法，运用十分广泛。

练 习 题

1. 分析 IRIS 数据集（鸢尾花数据集）的花萼长度与花萼宽度之间的一元线性关系，并利用 Matlab 画出相关图表。

2. 分析 IRIS 数据集的花萼长度与花萼宽度、花瓣长度、花瓣宽度之间的多元线性关系，并利用 Matlab 画出相关图表。可参考代码 4-4。

代码 4-4　利用 Matlab 处理练习题 2

```
load iris        %  加载 iris 数据集
    x = attrib(:,2);      %  取第二列的数据
    y = attrib(:,1);      %  取第三列的数据
    X = [ones(length(y),1),x];
    Y = y;
    [b,bint,r,rint,stats] = regress(Y,X);
    %  b 回归系数
    %  bint 回归系数的区间估计
    %  r 残差
    %  rint 残差置信区间
    %  stats 用于检验回归模型的统计量，有四个数值：相关系数R² 、F值、与F对应的概率P、
    %  误差方差。相关系数R² 越接近 1，说明回归方程越显著；F > F1-α(k,n-k-1) 时拒绝
    %  H0，F 越大，说明回归方程越显著；与F 对应的概率P<α（显著性水平）时拒绝 H0，回
        归模型成立。P
    %  值在0.01 至 0.05 之间，P 越小越好
    fx=b(1)+b(2)*x;    %  一元线性回归方程
    figure(1);
    rcoplot(r,rint)      %  画出残差以及其置信区间
```

```
figure(2);
plot(x,Y,'k+',x,fx,'r')        %  画出一元线性回归方程以及 x、y 数据
load iris
x1 = attrib(：,2);
x2 = attrib(：,3);
x3 = attrib(：,4);
y = attrib(：,1);
X = [ones(150,1),x1,x2,x3];
Y = y;
[b,bint,r,rint,stats] = regress(Y,X);
fx=b(1)+b(2) * x1+b(3) * x2. * x2+b(4) * x3. * x3. * x3;
figure(1);
rcoplot(r,rint)
figure(2);
plot(x1,x2,x3,Y,'k+',x1,x2,x3,fx,'r');
```

3. 描述回归分析的原理。
4. 叙述回归分析的分类。
5. 请用自己的语言总结多元线性回归的原理。

第5章　聚类算法

我国有"物以类聚，人以群分"的说法，聚类的概念可以用"物以类聚"的意义进行解释。聚类就是根据样本内部存在的数据特征，将其划分为不同的类别，使类别内的数据相似度较高。事实上，我们在聚类之前并不清楚样本要分为哪些具体的类别，而是通过样本的内部特征进行划分，使相似度高的样本聚集为一类。例如，有一堆水果，幼儿园的小朋友需要对不同的水果进行归类划分，但老师事先没有告诉他们有哪些水果，并且这些水果可能是他们不认识的，这里没有统一的、确定的划分标准，有些孩子将颜色相似的水果归在了一起，有些孩子将形状相似的水果归在了一起，还有一些孩子将尺寸大小相似的水果归在了一起。根据不同的特征，聚类的结果也会存在差异性。

5.1　聚类算法的概念及应用

聚类分析是将物理或抽象对象的集合分成由类似的对象组成的多个类的过程。聚类是将数据分类到不同的类或者簇这样的一个过程，所以同一个簇中的对象有很大的相似性，而不同簇间的对象有很大的相异性。聚类分析的目标就是在相似的基础上收集数据来进行分类。聚类源于很多领域，包括数学、计算机科学、统计学、生物学和经济学等。在不同的应用领域，很多聚类技术都得到了发展，这些技术方法被用作描述数据，衡量不同数据源间的相似性，以及把数据源分类到不同的簇中。

聚类分析起源于分类学。在古老的分类学中，人们主要依靠经验和专业知识来实现分类，很少利用数学工具进行定量的分类。随着科学技术的发展，人们对分类的要求越来越高，有时仅凭经验和专业知识难以确切地进行分类。于是人们逐渐把数学工具引入分类学中，形成了数值分类学，之后又将多元分析的技术引入数值分类学中，形成了聚类分析。

聚类分析被应用于很多方面：在商业上，聚类分析被用来发现不同的客户群，并通过购买模式刻画不同的客户群的特征；在生物上，聚类分析被用来对动植物和基因进行分类，以获取对种群固有结构的认识；在保险行业上，聚类分析通过一个高的平均消费来鉴定汽车保险单持有者的分组，或者根据住宅类型、价值和地理位置来鉴定一个城市的房产分组；在互联网应用上，聚类分析被用来在网上进行文档归类，从而修复信息。下面是聚类分析在商业中的典型应用举例。

1. 聚类分析在客户细分中的应用

消费同一种类的商品或服务时，不同的客户有不同的消费特点，通过研究这些特点，企业可以制定出不同的营销组合，从而获取最大的消费者剩余，这是客户细分的主要目的。常用的客户分类方法主要有三类：经验描述法，由决策者根据经验对客户进行类别划分；

传统统计法，根据客户属性特征的简单统计来划分客户类别；非传统统计法，即基于人工智能技术的非数值方法。聚类分析法兼有后两类方法的特点，能够有效完成对客户细分的过程。

例如，客户的购买动机一般由需要、认知、学习等内因和文化、社会、家庭、小群体、参考群体等外因共同决定。要按购买动机的不同对客户进行划分时，可以把前述因素作为分析变量，将所有目标客户每一个分析变量的指标值量化出来，再运用聚类分析法进行分类。在指标值量化时，如果遇到一些定性的指标值，可以用定性数据定量化的方法加以转化，如模糊评价法等。除此之外，可以将客户满意程度和重复购买概率大小作为属性进行分类，还可以在区分客户之间差异性的问题上引入一套新的分类法，将客户的差异性变量划分为五类：产品利益、客户之间的相互作用力、选择障碍、议价能力和收益率，依据这些分析变量聚类得到的归类，可以为企业制定营销决策提供有益参考。

以上分析的共同点在于都是依据多个变量进行分类，这正好符合聚类分析法解决问题的特点；不同点在于从不同的角度寻求分析变量，为某一方面的决策提供参考，这正是聚类分析法在客户细分问题中运用范围广的体现。

2. 聚类分析在销售片区确定中的应用

销售片区的确定和片区经理的任命在企业的市场营销中发挥着重要的作用。只有合理地将企业所拥有的子市场归成几个大的片区，才能有效地制定符合片区特点的市场营销战略，并任命合适的片区经理。例如，某公司在全国有 20 个子市场，每个市场在人口数量、人均可支配收入、地区零售总额、该公司某种商品的销售量等变量上有不同的指标值。以上变量都是决定市场需求量的主要因素。把这些变量作为聚类变量，结合决策者的主观愿望和相关统计软件提供的客观标准，就可以针对不同的片区制定合理的战略，并任命合适的片区经理了。

3. 聚类分析在市场机会研究中的应用

企业制定市场营销战略时，了解在同一市场中哪些企业是直接竞争者，哪些是间接竞争者是非常关键的环节。要解决这个问题，企业可以通过市场调查，获取自己和所有主要竞争者在品牌方面的第一提及知名度、提示前知名度和提示后知名度等指标值，将它们作为聚类分析的变量，这样便可以将企业和竞争对手的产品或品牌进行归类。根据归类的结论，企业可以知道自己的产品或品牌和哪些竞争对手形成了直接的竞争关系。通常，聚类以后属于同一类别的产品和品牌就是所分析企业的直接竞争对手。在制定战略时，可以更多地运用"红海战略"。在聚类以后，结合每一个产品或品牌的多种不同属性进行研究，可以发现哪些属性组合目前还没有融入产品或品牌中，从而寻找企业在市场中的机会，为企业制定合理的"蓝海战略"提供基础性的资料。

5.2 距离度量

聚类的目的是使同类对象之间的相似度尽可能地提高，即对象之间的距离尽可能小，那么对象之间的距离或者相似度应该怎样去定义呢？下面我们对对象之间的相似性度量进行介绍。通常来说，我们通过距离函数来表示相似度，距离函数的大小反映了对象之间的相似程度。距离函数的值越小，相似度就越大；距离函数的值越大，相似度就越小。常用的几种距离计算方法有：欧几里得距离、马哈拉诺比斯距离、曼哈顿距离、切比雪夫距离、闵可夫斯基距离、余弦相似度、汉明距离等。

5.2.1　欧几里得距离

欧几里得距离也称欧氏距离，是最常见的距离计算方法。

设 $\boldsymbol{x} = \{x_1, x_2, \cdots, x_n\}$，$\boldsymbol{y} = \{y_1, y_2, \cdots, y_n\}$，那么它们之间的欧氏距离计算如式 5-1 所示。

$$d(\boldsymbol{x}, \boldsymbol{y}) = \sqrt{(x_1 - y_1)^2 + (x_2 - y_2)^2 + \cdots + (x_n - y_n)^2} = \sqrt{\sum_{i=1}^{n}(x_i - y_i)^2}$$

$$(5-1)$$

由公式(5-1)可知，二维平面上两点 $a(x_1, y_1)$ 与 $b(x_2, y_2)$ 之间的欧氏距离计算如式 (5-2)所示。

$$d = \sqrt{(x_1 - x_2)^2 + (y_1 - y_2)^2} \qquad (5-2)$$

欧氏距离的公式即是源于欧氏空间中两点间的距离公式，它定义了多维空间中点与点之间的"直线距离"，具有空间旋转不变性。欧氏距离的优点是计算公式比较简单，缺点是不能将样本的不同属性之间的差别同等看待。一般聚类中的距离多数采用欧氏距离计算。下面用 Matlab 和 Python 代码分别演示欧氏距离的计算。

1. Matlab 计算欧氏距离

Matlab 计算距离主要使用 pdist()函数。若 $\boldsymbol{X}$ 是一个 $M \times N$ 的矩阵，则 pdist($\boldsymbol{X}$)将 $\boldsymbol{X}$ 矩阵 M 行的每一行作为一个 N 维向量，然后计算这 M 个向量两两间的距离。

【示例 5-1】　计算向量(0,0)、(1,0)、(0,2)两两间的欧氏距离，计算过程如代码 5-1 所示。

代码 5-1　Matlab 计算欧氏距离示例代码

```
X = [0 0 ; 1 0 ; 0 2]
D = pdist(X,'euclidean')
```

输出结果：D = 1.0000　　2.0000　　2.2361

2. Python 计算欧氏距离

numpy 是 Python 语言的一个扩展程序库，支持大量的维度数组与矩阵运算。本例中，我们可以通过 numpy 库中的 sqrt()方法求平方根，square()方法求平方，也可以直接通过 numpy. linalg. norm()方法求出。

【示例 5-2】　计算[1,2,3]和[4,5,6]之间的欧氏距离，计算过程如代码 5-2 所示。

代码 5-2　Python 计算欧氏距离示例代码

```
# 导入 numpy 科学计算工具包
import numpy as np
```

```
v1 = np.array([0, 1, 2])
v2 = np.array([3, 4, 5])
    #  d1 为公式求解
d1 = np.sqrt(np.sum(np.square(v1 − v2)))
    #  d2 为 numpy.linalg.norm方法求解
d2 = np.linalg.norm(v1 − v2)
print(d1)
print(d2)
```

输出结果如代码 5-3 所示。

代码 5-3　Python 计算欧氏距离结果示例代码

```
5.19615242271
5.19615242271
```

计算欧氏距离时往往需要保持各维度指标在相同的刻度级别。欧氏距离注重各个对象的特征在数值上的差异，用于从维度的数值大小中分析个体差异。标准化欧氏距离可以消除不同属性的量纲差异的影响，其计算如下式：

$$d(x,y) = \sqrt{\sum_{i=1}^{n} \frac{(x_i - y_i)^2}{s_i^2}} \tag{5-3}$$

其中，s_i^2 是第 i 维的方差。

5.2.2　马哈拉诺比斯距离

马哈拉诺比斯距离也称作马氏距离定义或协方差距离，是一种能有效地计算两个未知样本集相似度的方法。与标准化欧氏距离不同的是，它考虑到各种特性之间的联系，其定义如下。

有 M 个样本向量 $\boldsymbol{X}_1 \sim \boldsymbol{X}_m$，协方差矩阵记为 $\boldsymbol{S}$，均值记为向量 $\boldsymbol{\mu}$，则其中样本向量 $\boldsymbol{X}$ 到 $\boldsymbol{\mu}$ 的马氏距离计算如下：

$$D(\boldsymbol{X}) = \sqrt{(\boldsymbol{X}-\boldsymbol{\mu})^{\mathrm{T}} \boldsymbol{S}^{-1}(\boldsymbol{X}-\boldsymbol{\mu})} \tag{5-4}$$

而其中向量 $\boldsymbol{X}_i$ 与 $\boldsymbol{X}_j$ 之间的马氏距离计算如下：

$$D(\boldsymbol{X}_i, \boldsymbol{X}_j) = \sqrt{(\boldsymbol{X}_i-\boldsymbol{X}_j)^{\mathrm{T}} \boldsymbol{S}^{-1}(\boldsymbol{X}_i-\boldsymbol{X}_j)} \tag{5-5}$$

若协方差矩阵是单位矩阵（各个样本向量之间独立同分布），则可转换成下式：

$$D(\boldsymbol{X}_i, \boldsymbol{X}_j) = \sqrt{(\boldsymbol{X}_i-\boldsymbol{X}_j)^{\mathrm{T}}(\boldsymbol{X}_i-\boldsymbol{X}_j)} \tag{5-6}$$

这也就是我们前面所讲的欧氏距离了。

马氏距离与量纲无关，排除了变量之间的相关性干扰。下面用 Matlab 和 Python 代码分别演示马氏距离的计算。

1. Matlab 计算马氏距离

【示例 5-3】 计算 (1,2)、(1,3)、(2,2)、(3,1) 两两之间的马氏距离，计算过程如代码 5-4 所示。

代码 5 - 4　Matlab 计算马氏距离示例代码

X = [1 2; 1 3; 2 2; 3 1]

Y = pdist(X, 'mahalanobis')

输出结果：Y = 2.3452　　2.0000　　2.3452　　1.2247　　2.4495　　1.2247

2. Python 计算马氏距离

用 Python 计算示例 5-3 中的马氏距离，计算过程如代码 5-5 所示。

代码 5 - 5　Python 计算马氏距离示例代码

```
import numpy as np
x = [1,1,2,3]
y = [2,3,2,1]
X=np. vstack([x,y])
XT=X. T
#  根据公式求解
S=np. cov(X)   #  两个维度之间的协方差矩阵
SI=np. linalg. inv(S)   #  协方差矩阵的逆矩阵
#  马氏距离计算两个样本之间的距离,此处共有 4 个样本,两两组合,共有 6 个距离
n=XT. shape[0]
d1=[]
for i in range(0, n):
    for j in range(i+1, n):
        delta=XT[i]−XT[j]
        d=np. sprt(nq. dot(np. dot(delta,SI),delta. T))
        print(d)
```

输出结果：2.3452　　2.000　　2.3452　　1.2247　　2.4495　　1.2247

5.2.3　曼哈顿距离

曼哈顿距离是由十九世纪的赫尔曼·闵可夫斯基所创的词汇，事实上我们从名字就可以大概猜出这种距离的计算方式。想象我们在曼哈顿街区要把汽车从一个十字路口开车到另外一个十字路口，那么驾驶距离就是所谓的"曼哈顿距离"，而这也是曼哈顿距离名称的来源。曼哈顿距离也被称作城市街区距离（City Block Distance）。

二维平面两点 $a(x_1, y_1)$ 与 $b(x_2, y_2)$ 间的曼哈顿距离为

$$d_{12} = |x_1 - x_2| + |y_1 - y_2|$$

两个 n 维向量 $a(x_{11}, x_{12}, \cdots, x_{1n})$ 与 $b(x_{21}, x_{22}, \cdots, x_{2n})$ 间的曼哈顿距离计算如下：

$$d_{12} = \sum_{k=1}^{n} |x_{1k} - x_{2k}| \tag{5-7}$$

1. Matlab 计算曼哈顿距离

【示例 5 - 4】　计算向量(0，0)、(1，0)、(0，2)两两间的曼哈顿距离，计算过程如代码

5-6 所示。

代码 5-6　Matlab 计算曼哈顿距离示例代码

```
X = [0 0;1 0;0 2]
D = pdist(X,'cityblock')
```

输出结果：D = 1　2　3

2. Python 计算曼哈顿距离

计算过程如代码 5-7 所示。

代码 5-7　Python 计算曼哈顿距离示例代码

```
import numpy as np
v1 = np.array([0,0])
v2 = np.array([1,0])
v3 = np.array([0,2])
op1 = np.sum(np.abs(v1 - v2))
op2 = np.sum(np.abs(v1 - v3))
op3 = np.sum(np.abs(v2 - v3))
print(op1,op2,op3)
```

输出结果如代码 5-8 所示。

代码 5-8　Python 计算曼哈顿距离结果

```
1    2    3
```

5.2.4　切比雪夫距离

切比雪夫距离可以用国际象棋的规则来解释。在国际象棋中，国王走一步可以移动到相邻 8 个方格中的任意一个，那么国王从格子 (x_1,y_1) 走到格子 (x_2,y_2) 最少需要多少步？我们自己尝试一下会发现，走的最少步数总是 $\max(|x_2-x_1|,|y_2-y_1|)$ 步。

二维平面两点 $a(x_1,y_1)$ 与 $b(x_2,y_2)$ 间的切比雪夫距离计算如下：

$$d_{12}=\max(|x_1-x_2|,|y_1-y_2|)$$

两个 n 维向量 $a(x_{11},x_{12},\cdots,x_{1n})$ 与 $b(x_{21},x_{22},\cdots,x_{2n})$ 间的切比雪夫距离计算如下：

$$d_{12}=\max_i(|x_{1i}-x_{2i}|) \tag{5-8}$$

这个公式的另一种等价形式如下：

$$d_{12}=\lim_{k\to\infty}\left(\sum_{i=1}^n|x_{1i}-x_{2i}|^k\right)^{1/k} \tag{5-9}$$

1. Matlab 计算切比雪夫距离

【示例 5-5】　计算向量(0,0)、(1,0)、(0,2)两两间的切比雪夫距离，计算过程如代码

5 - 9 所示。

代码 5 - 9　Matlab 计算切比雪夫距离示例代码

X = [0 0 ; 1 0 ; 0 2]
D = pdist(X, $'$chebychev$'$)

输出结果为：D ＝　1　2　2

2. Python 计算切比雪夫距离

计算过程如代码 5 - 10 所示。

代码 5 - 10　Python 计算切比雪夫距离示例代码

```
import numpy as np
v1 = np.array([0, 0])
v2 = np.array([1, 0])
v3 = np.array([0, 2])
op1 = np.abs(v1 - v2). max()
op2 = np.abs(v1 - v3). max()
op3 = np.abs(v2 - v3). max()
print(op1, op2, op3)
```

输出结果如代码 5 - 11 所示。

代码 5 - 11　Python 计算切比雪夫距离结果

1　2　2

5.2.5　闵可夫斯基距离

闵可夫斯基距离也叫闵氏距离，它不是一种距离，而是一组距离的定义。

两个 n 维变量 $a(x_{11}, x_{12}, \cdots, x_{1n})$ 与 $b(x_{21}, x_{22}, \cdots, x_{2n})$ 间的闵可夫斯基距离计算如下：

$$d_{12} = \sqrt[p]{\sum_{k=1}^{n} |x_{1k} - x_{2k}|^p} \tag{5-10}$$

其中 p 是一个变参数：当 $p=1$ 时，就是曼哈顿距离；当 $p=2$ 时，就是欧氏距离；当 $p \to \infty$ 时，就是切比雪夫距离。

根据变参数的不同，闵氏距离可以表示一类的距离。

闵氏距离、曼哈顿距离、欧氏距离和切比雪夫距离都存在明显的缺点，我们通过举例进行说明。

例如，成人身体数据的二维样本（身高，体重），身高范围为 $140 \sim 200$，体重范围是 $40 \sim 90$，有三个样本：$a(170,60)$，$b(180,60)$，$c(170,70)$。那么 a 与 b 之间的闵氏距离（无论是曼哈顿距离、欧氏距离或切比雪夫距离）等于 a 与 c 之间的闵氏距离，但是身高的

10 cm 并不等价于体重的 10 kg。因此用闵氏距离来衡量这些样本间的相似度就存在较大的问题。

闵氏距离的缺点主要有两个：

(1) 将各个分量的量纲(scale)，也就是"单位"当作相同的看待了；

(2) 没有考虑各个分量的分布(期望，方差等)可能是不同的。

【示例 5-6】 计算向量(0,0)、(1,0)、(0,2)两两间的闵氏距离(以变参数为 2 的欧氏距离为例)，实现过程如代码 5-12 所示。

代码 5-12 Matlab 计算闵氏距离示例代码

```
X = [0 0 ; 1 0 ; 0 2]
D = pdist(X,'minkowski',2)
```

输出结果：D = 1.0000   2.0000   2.2361

5.2.6 余弦相似度

余弦相似度是用向量空间中两个向量夹角的余弦值衡量样本之间的差异，严格来讲其并不是距离，而是相似性。

在二维空间中，向量 $A(x_1,y_1)$ 与向量 $B(x_2,y_2)$ 的夹角余弦的计算如下：

$$\cos\theta = \frac{x_1 x_2 + y_1 y_2}{\sqrt{x_1^2 + y_1^2} + \sqrt{x_2^2 + y_2^2}} \tag{5-11}$$

类似的，对于两个 n 维样本点 $a(x_{11},x_{12},\cdots,x_{1n})$ 和 $b(x_{21},x_{22},\cdots,x_{2n})$，可以使用类似于夹角余弦的概念来衡量它们间的相似程度，计算如下：

$$\cos\theta = \frac{\sum\limits_{k=1}^{n} x_{1k} x_{2k}}{\sqrt{\sum\limits_{k=1}^{n} x_{1k}^2} \sqrt{\sum\limits_{k=1}^{n} x_{2k}^2}} \tag{5-12}$$

夹角余弦取值范围为 $[-1,1]$，夹角余弦越大表示两个向量的夹角越小，夹角余弦越小表示两向量的夹角越大。当两个向量的方向重合时，夹角余弦取最大值 1，当两个向量的方向完全相反时，夹角余弦取最小值 -1。

余弦距离可以在给文本分类的词袋模型(一种数据集)中使用。例如，一篇文章一共出现过 3000 个词，则用一个 3000 维度的向量 X 表示这篇文章，每个维度代表各个字出现的数目，另外一篇文章也恰好只出现过这 3000 个字，用向量 Y 表示该文章，则这两篇文章的相似度可以用余弦距离来测量。

余弦距离根据向量方向来判断向量相似度，与向量各个维度的相对大小有关，不受各个维度直接数值影响。在某种程度上，归一化后的欧氏距离和余弦相似性表征能力相同。

1. Matlab 计算夹角余弦

【示例 5-7】 计算(1,0)、(1,1.732)、(-1,0)两两间的余弦相似度，计算过程如代码 5-13 所示。

代码 **5 - 13**　**Matlab 计算夹角余弦示例代码**

```
X = [1 0 ; 1 1.732 ; −1 0]
D = 1− pdist(X,'cosine')   %  Matlab 中的pdist(X,'cosine')得到的是1减夹角余弦的值
```

输出结果：D = 0.5000　　−1.0000　　−0.5000

2. Python 计算余弦相似度

用 Python 计算示例 5 - 7 的余弦相似度如代码 5 - 14 所示。

代码 **5 - 14**　**Python 计算余弦相似度示例代码**

```
v1 = np. array([1,0])
v2 = np. array([1,1.732])
v3 = np. arry([−1,0])
op1=np. dot(v1,v2)/(np. linalg. norm(v1) * (np. linalg. norm(v2)))
op2=np. dot(v1,v3)/(np. linalg. norm(v1) * (np. linalg. norm(v3)))
op3=np. dot(v2,v3)/(np. linalg. norm(v2) * (np. linalg. norm(v3)))
print(op1, op2, op3)
```

输出结果：0.5000　　−1.0000　　−0.5000

5.2.7　汉明距离

汉明距离是两个等长字符串之间的一种距离，是两个字符串对应位置的不同字符的个数。比如：1011101 与 1001001 的汉明距离为 2，2143896 与 2233796 的汉明距离是 3。

汉明距离可以看作是将一个字符串变换成另外一个字符串所需要替换的字符个数。此外，汉明重量是字符串相对于同样长度的零字符串的汉明距离，例如，11101 的汉明重量是 4。

汉明距离主要应用在信息编码中（为了增强容错性，应使得编码间的最小汉明距离尽可能大）。

1. Matlab 计算汉明距离

【示例 5 - 8】　计算向量(0,0)、(1,0)、(0,2)两两间的汉明距离，计算过程如代码 5 - 15 所示。需要注意的是，Matlab 中两个向量之间的汉明距离的定义为两个向量不同的分量所占的百分比。

代码 **5 - 15**　**Matlab 计算汉明距离示例代码**

```
X = [0 0 ; 1 0 ; 0 2];
D = PDIST(X,'hamming')
```

输出结果：D = 　0.5000　　0.5000　　1.0000

2. Python 计算汉明距离

用 Python 计算示例 5-8 的汉明距离，计算过程如代码 5-16 所示。

代码 5-16 Python 计算汉明距离示例代码

```
import numpy as up
v1＝np. array([0,0])
v2＝np. array([1,0])
v3＝np. array([0,2])
sm1＝np. nonzero(v1－v2)
sm2＝np. nonzero(v1－v3)
sm3＝np. nonzero(v2－v3)
op1＝np. shape(sm1[0])[0]
op2＝np. shape(sm2[0])[0]
op3＝np. shape(sm3[0])[0]
print(op1, op2, op3)
```

输出结果如代码 5-17 所示。

代码 5-17 Python 计算汉明距离结果

```
1   1   2
```

5.3 K-Means 算法

聚类算法有很多种，K-Means 算法则是众多聚类算法中最经典且最常用的一种。K-Means算法最大的特点是简单、好理解和运算速度快，但只能应用于连续型的数据，并且需要在聚类前手工指定要分成几类。K Means 算法的基本思想是：首先确定聚类类别的数目 K，然后随机选定 K 个初始点作为初始质心，通过计算每一个样本与质心之间的相似度，将样本点归到最相似的类别中，然后重新计算每个类别的质心，重复这样的过程，直到质心不再改变或者变化极小，就最终确定了每个样本所属的类别以及每个类别的质心。在 K-Means 聚类算法中，运用不同的相似度度量方法，会得到不同的聚类结果。下面我们将采用最常用的相似度计算方法——欧氏距离作为相似度度量。

5.3.1 K-Means 算法基本步骤

1. K-Means 算法的基本步骤

（1）从数据中选择 K 个对象作为初始聚类中心，即初始质心；

（2）将数据集中的每一个点分配到一个簇中，即为每一个点找到距其最近的质心，并将其分配给该质心所对应的簇；

（3）每一个簇的质心更新为该簇所有点的平均值；

（4）计算标准测度函数，直到满足收敛条件即停止，否则，继续操作。

2. K-Means 算法步骤的伪代码

K-Means 算法步骤的伪代码如代码 5 - 18 所示。

代码 5 - 18　K-Means 算法伪代码

```
选择 K 个点作为初始质心
repeat
将每个点指派到最近的质心，形成 K 个簇
重新计算每个簇的质心
until 簇不发生变化或达到最大迭代次数
```

【示例 5 - 9】　如表 5 - 1 所示，原始数据中共有 6 个点，从表 5 - 1 中可以看出这些点可以分成两类，前三个点为一类，后三个点为另一类。我们通过该示例演示 K-Means 算法的计算过程，检验是不是和预期一致。

表 5 - 1　数据原始点

x, y / $P1 \sim P6$	x	y
$P1$	0	0
$P2$	1	2
$P3$	3	1
$P4$	8	8
$P5$	9	10
$P6$	10	7

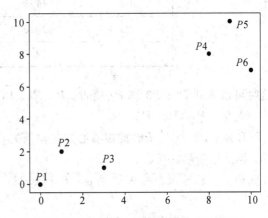

图 5 - 1　K-Means 算法演示分类示例图

（1）设定 K 值为 2。

（2）选择初始质心（假设选取的点为 $P1$ 和 $P2$）。

（3）计算剩余点与初始质心的距离，如表 5 - 2 所示。

表 5 - 2　第一轮剩余点与初始质心间距

$P1$、$P2$ / $P1 \sim P6$	$P1$	$P2$
$P3$	3.16	2.24
$P4$	11.3	9.22
$P5$	13.5	11.3
$P6$	12.2	10.3

从表 5 - 2 可以看出，所有的剩余点都离 $P2$ 更近，所以本次分类的结果是：

　　A 组：$P1$

　　B 组：$P2$，$P3$，$P4$，$P5$，$P6$

（4）更新簇的质心。

A 组没什么可选的，质心就是自己。

B 组有 5 个点，需要重新计算质心，计算新的质心的方法是每个点 x 坐标的平均值和 y 坐标的平均值组成的新的点为新质心，也就是说这个质心是"虚拟的"。因此，B 组选出新质心的坐标为：$P'((1+3+8+9+10)/5,(2+1+8+10+7)/5)=(6.2,5.6)$。

综合两组，新质心为 $P1(0,0)$、$P'(6.2,5.6)$，而 $P2\sim P6$ 重新成为剩余点。

（5）再次计算剩余点到质心的距离，如表 5－3 所示。

表 5－3　第二轮剩余点与初始质心间距

$P1,P'$ $P2\sim P6$	$P1$	P'
$P2$	2.24	6.32
$P3$	3.16	5.60
$P4$	11.3	3
$P5$	13.5	5.21
$P6$	12.2	4.04

这时可以看到 $P2$、$P3$ 离 $P1$ 更近，$P4$、$P5$、$P6$ 离 P' 更近，所以第二次分类的结果是：

A 组：$P1$，$P2$，$P3$

B 组：$P4$，$P5$，$P6$（虚拟质心这时候消失）

（6）再次更新簇的质心。

用同样的方法选出新的虚拟质心：$P'1(1.33,1)$，$P'2(9,8.33)$，$P1\sim P6$ 都成为剩余点。

（7）第三次计算剩余点到质心的距离如表 5－4 所示。

表 5－4　第三轮剩余点与初始质心间距

$P'1,P'2$ $P1\sim P6$	$P'1$	$P'2$
$P1$	1.4	12
$P2$	0.6	10
$P3$	1.4	9.5
$P4$	47	1.1
$P5$	70	1.7
$P6$	56	1.7

这时可以看到 $P1$、$P2$、$P3$ 离 $P'1$ 更近，$P4$、$P5$、$P6$ 离 $P'2$ 更近，所以第三次分类的结果是：

A 组：$P1$，$P2$，$P3$

B 组：$P4$，$P5$，$P6$

可以发现，这次分类的结果和上次没有任何变化，说明已经收敛，聚类结束，聚类结果和最开始设想的结果完全一致。

5.3.2　K-Means 算法关键点

在 K-Means 算法中，K 值和初始质心的选取对聚类结果起到至关重要的作用。

1. K 值的确定

我们知道 K 值就是聚类类别的数目，也是在进行 K-Means 算法前首先需要确定的参数。因此，K 值选取的合理与否将直接影响到聚类结果。在 K-Means 聚类算法中，通常通过一种叫做"肘部法则"的方法来确定 K 值。

肘部法的核心思想是：随着聚类数 K 的增大，样本的划分会更加精细，每个簇的聚合程度会逐渐提高，样本误差平方和（SSE）自然会逐渐变小。并且，当 K 小于真实聚类数时，由于 K 的增大会大幅增加每个簇的聚合程度，故 SSE 的下降幅度会很大，而当 K 到达真实聚类数时，再增加 K 所得到的聚合程度回报会迅速变小，所以 SSE 的下降幅度会骤减，然后随着 K 值的继续增大而趋于平缓，也就是说 SSE 和 K 的关系图如图 5-2 所示，是一个手肘的形状，而这个肘部对应的 K 值就是数据的真实聚类数。这也是该方法被称为手肘法的原因。

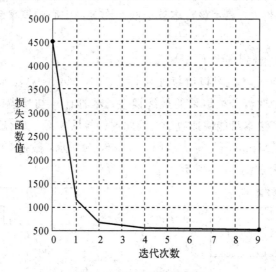

图 5-2　肘部法则示意图

样本误差平方和（SSE）的计算式如下：

$$\text{SSE} = \sum_{i=1}^{k} \sum_{p \in C_i} |p - m_i|^2 \tag{5-13}$$

其中，C_i 是第 i 个簇，p 是 C_i 中的样本点，m_i 是 C_i 的质心（C_i 中所有样本的均值），SSE 是所有样本的聚类误差，代表了聚类效果的好坏。

2. 初始质心的选取

选择适当的初始质心也是基本 K-Means 算法的关键步骤之一。常见的方法是随机地选取初始中心，但是这样簇的质量常常很差。处理选取初始质心问题的一种常用技术是多次运行，每次使用一组不同的随机初始质心，然后选取具有最小 SSE（误差的平方和）的簇集。

这种策略简单，但是效果可能不好，这取决于数据集和寻找的簇的个数。另外一种方法是先随机选择一个点作为第一个初始类簇中心点，然后选择距离该点最远的那个点作为第二个初始类簇中心点，再选择距离前两个点的最近距离最大的点作为第三个初始类簇的中心点，以此类推，直至选出 K 个初始类簇中心点，此种方法即是 K-Means 算法的优化算法之一——K-Means＋＋算法。

5.4 K-Means＋＋算法

K-Means 算法的分类结果会因初始点的选取而有所区别，因此，人们提出一种改进初始质心选择方式的算法——K-Means＋＋算法。

事实上，K-Means＋＋算法只是对初始点的选择进行改进，其他步骤与 K-Means 基本一样。初始质心选取的基本思想是：初始的聚类中心之间的距离要尽可能的远。

K-Means＋＋算法的基本步骤如下所述：

（1）随机选取一个样本作为第一个聚类中心 c_1；

（2）计算每个样本与当前已有聚类中心的最短距离（即与最近一个聚类中心的距离），用 $D(x)$ 表示，这个值越大，表示该样本被选取作为聚类中心的概率越大，再用轮盘法选出下一个聚类中心；

（3）重复步骤（2），直到选出 K 个聚类中心。

在初始点选取完毕后，就可以继续使用标准的 K-Means 算法步骤进行后续处理了。K-Means＋＋能显著地改善分类结果的最终误差。尽管计算初始点时花费了额外的时间，但是在迭代过程中，算法本身能快速收敛，因此这种算法实际上降低了计算时间。

【示例 5-10】 K-Means＋＋算法示例。如表 5-5 所示，数据集中共有 8 个样本点，样本的分布以及对应序号如图 5-3 所示。

表 5-5 数据样本点

标号	x	y
1	3	4
2	4	4
3	3	3
4	4	3
5	0	2
6	1	2
7	0	1
8	1	1

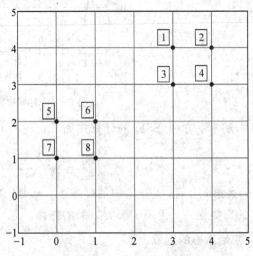

图 5-3 数据样本分布图

假设经过 K-Means＋＋算法的步骤（1）后，6 号点被选择为第一个初始聚类中心，那么在进行步骤（2）时每个样本的 $D(x)$ 和被选择为第二个聚类中心的概率如表 5-6 所示。

表 5 - 6 $D(x)$ 和聚类中心选择概率

序号	1	2	3	4	5	6	7	8
$D(x)$	$2\sqrt{2}$	$\sqrt{13}$	$\sqrt{5}$	$\sqrt{10}$	1	0	$\sqrt{2}$	1
$D(x)^2$	8	13	5	10	1	0	2	1
$P(x)$	0.2	0.325	0.125	0.25	0.025	0	0.05	0.025
Sum	0.2	0.525	0.65	0.9	0.925	0.925	0.975	1

表 5 - 6 中的 $P(x)$ 就是每个样本被选为下一个聚类中心的概率。最后一行的 Sum 是概率 $P(x)$ 的累加和，用于轮盘法选择出第二个聚类中心。具体方法是随机产生出一个 0 - 1 之间的随机数，判断它属于哪个区间，那么该区间对应的序号就是被选择出来的第二个聚类中心了。例如 1 号点的区间为 $[0, 0.2)$，2 号点的区间为 $[0.2, 0.525)$。从表 5 - 6 可以直观地看到第二个初始聚类中心是 1 号、2 号、3 号、4 号中的一个的概率为 0.9。而这 4 个点正好是离第一个初始聚类中心 6 号点较远的四个点。这也验证了 K-Means 的改进思想：离当前已有聚类中心较远的点有更大的概率被选为下一个聚类中心。可以看到，示例 5 - 10 中 K 值取 2 是比较合适的。当 K 值大于 2 时，每个样本会有多个距离，需要取最小的那个距离作为 $D(x)$。

5.5   二分 K-Means 算法

K-Means 算法计算开销较大，且容易受初始点选择的影响，二分 K-Means 算法是对其进行的一种改进算法，可以减少相似度的计算次数，加快算法的执行速度，减小初始点的影响。

二分 K-Means 算法首先将所有点作为一个簇，然后将该簇一分为二，之后选择一个簇继续进行划分，选择哪一个簇进行划分取决于对其划分是否可以最大程度地降低 SSE 的值。而划分就是上面提到的 K-Means 的思想了，通过不断重复的操作，直到达到需要的簇数量。

二分 K-Means 算法的基本步骤如下所述：

(1) 把所有数据初始化为一个簇，将这个簇分为两个簇；

(2) 选择满足条件的可以分解的簇，选择条件综合考虑簇的元素个数以及聚类代价（也就是误差平方和 SSE）；

(3) 使用 K-Means 算法将可分裂的簇分为两簇；

(4) 一直重复(2)(3)步，直到满足迭代结束的条件。

以上过程隐含着一个原则：因为聚类的误差平方和能够衡量聚类性能，该值越小表示数据点越接近于它们的质心，聚类效果就越好。因此需要对误差平方和最大的簇进行再一次的划分，因为误差平方和越大，表示该簇聚类越不好，越有可能是将多个簇当成一个簇了，所以首先需要对这个簇进行划分。

5.6 Mean Shift 聚类算法

在 K-Means 算法中，最终的聚类效果受初始聚类中心的影响，K-Means＋＋算法的提出，为选择较好的初始聚类中心提供了依据，但是算法中聚类的类别个数 K 仍需事先确定，对于类别个数事先未知的数据集，K-Means 和 K-Means＋＋将很难对其精确求解。对此，一些改进的算法被提出来用于处理聚类个数 K 未知的情形。Mean Shift 算法，又被称为均值漂移算法，与 K-Means 算法一样，都是基于聚类中心的聚类算法，但 Mean Shift 算法不需要事先确定类别个数 K。

均值漂移聚类算法是一种无参密度估计算法。它的基本思想是：在数据集中选定一个点，以该点为圆心，r 为半径，画一个圆（二维下是圆），求出这个点到所有点的向量的平均值，圆心与向量均值的和为新的圆心，然后迭代此过程，直到满足一点的条件结束，如图 5-4 所示。

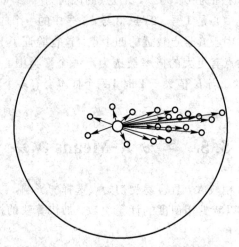

图 5-4　半径为 h 的高维球区域

Mean Shift 是一种基于滑动窗口的聚类算法，也可以说它是一种基于质心的算法。它是通过计算滑动窗口中的均值来更新中心点的候选框，以此达到找到每个簇中心点的目的。在剩下的处理阶段中，对这些候选窗口进行滤波以消除近似或重复的窗口，找到最终的中心点及其对应的簇。

1. Mean Shift 向量

对于给定的 d 维空间 $\mathbf{R}^d$ 中的 n 个样本点 x_i，$i=1,\cdots,n$，则对于 x 点，其 Mean Shift 向量的基本形式为

$$M_h = \frac{1}{k} \sum_{x_i \in S_h} (x_i - x) \tag{5-14}$$

其中，S_h 指一个半径为 h 的高维球区域，如图 5-4 中的圆形区域 $S_h(x) = [y \mid (y-x)(y-x)^T \leqslant h^2]$，$h$ 称为带宽，k 表示这 n 个样本点有 k 个落入 S_h 中。

2. Mean Shift 聚类算法的基本步骤

（1）在未被标记的数据点中随机选择一个点作为起始中心点 center；

（2）找出以 center 为中心，半径为 radius 的区域中出现的所有数据点，认为这些点同属于一个聚类 C，同时在该聚类中记录数据点出现的次数并加 1；

（3）以 center 为中心点，计算从 center 开始到集合 M 中每个元素的向量，将这些向量相加，得到向量 shift；

（4）center = center + shift，即 center 沿着 shift 的方向移动，移动距离是 ||shift||；

（5）重复步骤（2）（3）（4），直到 shift 的值很小（就是迭代到收敛），记住此时的 center（注意，这个迭代过程中遇到的点都应该归类到簇 C）；

（6）如果收敛时，当前簇 C 的 center 与其他已经存在的簇 $C2$ 中心的距离小于阈值，那么把 $C2$ 和 C 合并，数据点出现次数也对应合并，否则，把 C 作为新的聚类；

（7）重复步骤（1）（2）（3）（4）（5）直到所有的点都被标记为已访问；

（8）分类：根据每个类对每个点的访问频率，取访问频率最大的那个类，作为当前点集的所属类。

5.7　实 验 与 代 码

1. Matlab 实现 K-Means 算法

参考代码如代码 5-19 所示。

代码 5-19　Matlab 实现 K-Means 算法代码

```
%  随机获取 150 个点
    X = [randn(50, 2)+ones(50, 2); randn(50, 2)−ones(50, 2); randn(50, 2)+[ones(50, 1),
−ones(50, 1)]];
opts = statset('Display', 'final');
%  调用 KMeans 函数
[Idx, Ctrs, SumD, D] = kMeans(X, 3, 'Replicates', 3, 'Options', opts);
%  画出聚类为 1 的点。X(Idx==1,1),为第一类的样本的第一个坐标;X(Idx==1,2)为第
%  二类的样本的第二个坐标
plot(X(Idx==1, 1), X(Idx==1, 2), 'r.', 'MarkerSize', 14)
hold on
plot(X(Idx==2, 1), X(Idx==2, 2), 'b.', 'MarkerSize', 14)
hold on
plot(X(Idx==3, 1), X(Idx==3, 2), 'g.', 'MarkerSize', 14)

%  绘出聚类中心点,kx 表示是圆形
plot(Ctrs(:, 1), Ctrs(:, 2), 'kx', 'MarkerSize', 14, 'LineWidth', 4)
plot(Ctrs(:, 1), Ctrs(:, 2), 'kx', 'MarkerSize', 14, 'LineWidth', 4)
plot(Ctrs(:, 1), Ctrs(:, 2), 'kx', 'MarkerSize', 14, 'LineWidth', 4)
legend('Cluster 1', 'Cluster 2', 'Cluster 3', 'Centroids', 'Location', 'NW')
Ctrs
SumD
```

2. Python 实现 K-Means 算法

我们使用 sklearn 机器学习包来演示 K-Means 算法，如代码 5 - 20 所示。

代码 5 - 20　Python 实现 K-Means 算法代码

```python
# 导入相关包
import matplotlib. pyplot as plt
from sklearn import metrics
from sklearn. cluster import KMeans
from sklearn. datasets. samples_generator import make_blobs
# 随机产生 5 类原始数据
X，y＝make_blobs
    (n_samples＝1000，n_features＝2，centers＝[[－1，－1]，[－1，3]，[2，－1]，[2，1]，[4,4]],
random_state＝5，cluster_std＝[0.4，0.4，0.4，0.2，0.3])
plt. figure(1)
plt. rcParams[u'font. sans－serif'] ＝ ['SimHei']   # 替换 sans-serif 字体
plt. rcParams['axes. unicode_minus'] ＝ False   # 解决坐标轴负数的负号显示问题
plt. scatter(X[：,0],X[：,1],marker='o')
plt. title('原始数据')
plt. xlabel('x 轴')
plt. ylabel('y 轴')
# 进行不同 K 取值的聚类分析
k＝2
K＝[]
scores＝[]
while (k＜8)：
    y_pred＝KMeans(n_clusters＝k，random_state＝6). fit_predict(X)
    score ＝ metrics. calinski_harabaz_score(X，y_pred)
    scores. append(score)
    K. append(k)
    plt. figure(k)
    plt. scatter(X[：, 0], X[：, 1], c＝y_pred)
    k ＋＝ 1
plt. figure(8)
plt. plot(K,scores)
plt. xlabel('K 值')
plt. ylabel('得分')
plt. show()
print(scores)
```

3. Python 实现 Mean-Shift 聚类算法

具体参考代码如代码 5 - 21 所示。

代码 5 - 21　Python 实现 Mean-Shift 算法代码

```python
import numpy as np
import matplotlib. pyplot as plt
#  输入数据集
X = np. array([
    [-4, -3.5], [-3.5, -5], [-2.7, -4.5],
    [-2, -4.5], [-2.9, -2.9], [-0.4, -4.5],
    [-1.4, -2.5], [-1.6, -2], [-1.5, -1.3],
    [-0.5, -2.1], [-0.6, -1], [0, -1.6],
    [-2.8, -1], [-2.4, -0.6], [-3.5, 0],
    [-0.2, 4], [0.9, 1.8], [1, 2.2],
    [1.1, 2.8], [1.1, 3.4], [1, 4.5],
    [1.8, 0.3], [2.2, 1.3], [2.9, 0],
    [2.7, 1.2], [3, 3], [3.4, 2.8],
    [3, 5], [5.4, 1.2], [6.3, 2]
])
#  定义 Mean Shift 方法
def mean_shift(data, radius=2.0):
    clusters = []
    for i in range(len(data)):
        cluster_centroid = data[i]
        cluster_frequency = np. zeros(len(data))
        #  在范围内搜索点
        while True:
            temp_data = []
            for j in range(len(data)):
                v = data[j]
                #  Handle points in the circles
                if np. linalg. norm(v - cluster_centroid) <= radius:
                    temp_data. append(v)
                    cluster_frequency[i] += 1
            #  更新质心
            old_centroid = cluster_centroid
            new_centroid = np. average(temp_data, axis=0)
            cluster_centroid = new_centroid
            #  Find the mode
```

```
                    if np. array_equal(new_centroid, old_centroid):
                        break
            #  合并相似的簇
            has_same_cluster = False
            for cluster in clusters:
                if np. linalg. norm(cluster['centroid'] − cluster_centroid) <= radius:
                    has_same_cluster = True
                    cluster['frequency'] = cluster['frequency'] + cluster_frequency
                    break
            if not has_same_cluster:
                clusters. append({
                    'centroid': cluster_centroid,
                    'frequency': cluster_frequency
                })
    print('clusters (', len(clusters), '):', clusters)
    clustering(data, clusters)
    show_clusters(clusters, radius)


def clustering(data, clusters):
    t = []
    for cluster in clusters:
        cluster['data'] = []
        t. append(cluster['frequency'])
    t = np. array(t)
    #  Clustering
    for i in range(len(data)):
        column_frequency = t[:, i]
        cluster_index = np. where(column_frequency == np. max(column_frequency))[0][0]
        clusters[cluster_index]['data']. append(data[i])
#  绘制聚类结果方法
def show_clusters(clusters, radius):
    colors = 10 * ['r', 'g', 'b', 'k', 'y']
    plt. figure(figsize=(5, 5))
    plt. xlim((−8, 8))
    plt. ylim((−8, 8))
    plt. scatter(X[:, 0], X[:, 1], s=20)
    theta = np. linspace(0, 2 * np. pi, 800)
    for i in range(len(clusters)):
        cluster = clusters[i]
        data = np. array(cluster['data'])
```

```
        plt. scatter(data[:, 0], data[:, 1], color=colors[i], s=20)
        centroid = cluster['centroid']
        plt. scatter(centroid[0], centroid[1], color=colors[i], marker='x', s=30)
        x, y = np. cos(theta) * radius + centroid[0], np. sin(theta) * radius + centroid[1]
        plt. plot(x, y, linewidth=1, color=colors[i])
    plt. show()
print(mean_shift(X, 2.5))
```

代码 5 - 21 执行聚类结果如图 5 - 5 所示。

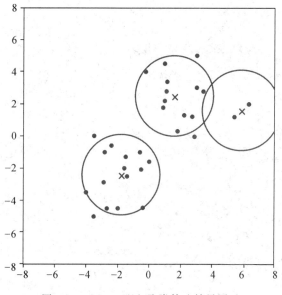

图 5 - 5　Mean Shift 聚类算法结果图示

本 章 小 结

　　聚类分析是数据分析中最重要的分析类别之一，广泛应用于地理、生物、保险、电子行业等领域的数据分析中，是一种依据研究对象的特征对其进行分类的方法，能减少研究对象的种类。当各类事物缺乏可靠的历史资料，无法确定有多少类别时，可以将性质相近的事物归入一类。本章对聚类和分类中需要具备的距离度量和最常见的经典聚类方法 K-Means 算法进行了详细讲解。K-Means 算法具有原理简单、实现方便、收敛速度快、聚类效果较优、模型的可解释性较强、调参只需要簇数 K 等优点，但是也存在对于不是凸的数据集比较难以收敛，数据不均衡时效果不佳等缺点。此外，本章也介绍了其他几种常用的聚类算法。

练 习 题

1. 分类和聚类分析有什么区别与联系？

2. 请简要叙述 K-Means 算法的步骤。

3. 对 UCI 数据集中的鸢尾花数据集按照如下要求进行 K-Means 聚类分析：

(1) K 值分别取 3、5、7、9 进行聚类分析；

(2) 根据(1)中的聚类结果，分析 K 的最佳取值。

4. 请为 K-Means 聚类算法设计一种初始质心的选取方法。

5. 请使用 K-Means＋＋聚类算法对 UCI 数据集中的 Wine 数据集进行聚类分析。

6. 请简要描述 Mean Shift 算法的基本原理及执行流程。

第 6 章 分 类 算 法

随着信息技术的不断发展，数据分析越来越多地应用到智能商务决策中。分类分析是指基于"物以类聚"的思想将数据对象分为多个类和簇，从而对数据进行分析，是预测、决策的基础。分类分析的目的是在给定其他变量值的条件下，对我们感兴趣的未知变量值作出预测。例如，建立一个分类模型，对银行贷款的安全性或风险进行分类；根据患者的一系列化验结果对他的健康状况进行判断；在已知顾客购买了某种商品的前提下，估计出他们购买其他产品的概率。

数据分类分析主要包括三个步骤：首先利用已有数据样本建立一个数学模型，称为"训练"；其次为建立模型的学习过程提供具有类标号的数据，称为"训练集"；最后使用模型，对未知分类的对象进行分类。

6.1 邻距与交叉验证

6.1.1 邻距

欧几里德度量（Euclidean Metric）（也称欧氏距离）是一个通常被采用的距离定义，指在 n 维空间中两个点之间的真实距离，或者向量的自然长度（即该点到原点的距离）。二维和三维空间中的欧氏距离就是两点之间的实际距离。欧氏距离是最易于理解的距离计算方法，它的具体计算如下：

$$d(R_i, R_j) = \sqrt{\sum_{k=1}^{n} (|R_{ik} - R_{jk}|)^2} \qquad (6-1)$$

下面给出求欧氏距离的具体示例。在 5.2.1 小节中，我们借助封装好的方法实现了欧氏距离的计算，而在本小节中，我们将从算法逻辑本身进行代码编写，可使读者进一步加深对算法的理解。

【示例 6-1】 求出矩阵 X 每一列与其他列的欧氏距离，并找出最大距离和最小距离。Matlab 代码如代码 6-1 所示，Python 代码如代码 6-2 所示。

代码 6-1 利用 Matlab 计算欧氏距离

```
clc;
clear all;
X=[2 5 4 6 7 8,4 6 2 1 5 6,0 3 2 5 1 7];
dist = 0;
DI = []
arr = []
```

```
for i=1:3
    for j=1:3
        for n=1:6      %  循环每一列
dist = dist + (X(i,n) - X(j,n))^2;    %  每列距离的平方
        end
        dis = sqrt(dist);
dist=0;
        DI = [DI dis];  % 最终距离
    end
arr = [arr; DI];
    DI = [];
end
[max_x,max_y] = find(arr==max(max(arr)));
[min_x,min_y] = find(arr == min(min(arr(find(arr~=0)))));
max = arr(max_x(1,1),max_y(1,1));
fprintf('最大距离：%f\n',max);
min = arr(min_x(1,1),min_y(1,1));
fprintf('最小距离：%f\n',min);
```

代码 6-2　利用 Python 计算欧氏距离

```python
import math
def euclidean(x, y):
    d = 0.
    for xi, yi in zip(x, y):
        d += (xi-yi) ** 2
    return math.sqrt(d)
a=euclidean([1, 2, 3], [4, 5, 6])
```

6.1.2　交叉验证

1. 数据集分类

数据集有两种分类方法，即交叉验证和留出法。无论哪一种方法，都包含了训练集、测试集，或者也包含验证集。

（1）数据集分为训练集和测试集，训练集用交叉验证的方法选择最优模型参数，然后用测试集来评估模型性能，数据较少时推荐使用该方法。

（2）数据集分为训练集、验证集和测试集，训练集构建模型，验证集选择最优模型参数，然后用测试集来评估模型性能，数据较多推荐使用该方法。

交叉验证是在机器学习建立模型和验证模型参数时常用的办法。交叉验证顾名思义就是重复地使用数据，把得到的样本数据进行切分，组合为不同的训练集和测试集，用训练集来训练模型，用测试集来评估模型预测的好坏。在此基础上可以得到多组不同的训练集

和测试集，某次训练集中的某样本在下次可能成为测试集中的样本，即所谓"交叉"。

交叉验证用于评估模型的预测性能，尤其是用于验证训练好的模型在新数据上的表现。交叉验证可以在一定程度上减小过拟合，还可以从有限的数据中获取尽可能多的有效信息。

2. 交叉验证示例

下面给出交叉验证示例，以说明交叉验证全过程。

【示例 6 - 2】　对 Mnist 数据集进行交叉验证。

1) 准备数据集

从 http://yann.lecun.com/exdb/mnist/上下载数据集，它包含了四个部分：

(1) Training Set Images：train-images-idx3-ubyte.gz (9.9 MB，解压后为 47 MB，包含 60000 个样本)；

(2) Training Set Labels：train-labels-idx1-ubyte.gz (29 KB，解压后为 60 KB，包含 60000 个标签)；

(3) Test Set Images：t10k-images-idx3-ubyte.gz (1.6 MB，解压后为 7.8 MB，包含 10000 个样本)；

(4) Test Set Labels：t10k-labels-idx1-ubyte.gz (5 KB，解压后 10 KB，包含 10 000 个标签)。

MNIST 数据集来自美国国家标准与技术研究所 (National Institute of Standards and Technology，NIST)。训练集 (Training Set) 由来自 250 个不同人手写的数字构成，其中 50% 是高中学生，50% 来自人口普查局 (the Census Bureau) 的工作人员。测试集 (Test Set) 也是同样比例的手写数字数据。

2) 进行交叉验证

交叉验证代码如代码 6 - 3 所示。

代码 6 - 3　交叉验证代码

```
clc;
clear;
load('mnist_test.csv');
load('mnist_train.csv');
data=mnist_train;
label = data(:,1);
testdata = mnist_test(:,2:785);
testlabel = mnist_test(:,1);
dataMat = data(1:10000,1:784);
labels = label(1:10000,1);
k=5;
arrtest=[];
accrancy=[];
%  测试
lastlen=1;
```

```
for j =1:10
    error=0;
len=j * 1000;
    for i = lastlen:len
classifyresult = KNN2(testdata(i, :),dataMat(1: len, :),labels(1:len, :), k);
        %  fprintf('测试结果为:%d ,真实结果为:%d\n',[classifyresulttklabel(i)])
        if(classifyresult~=testlabel(i))
            error = error+1;
        end
    end
lastlen=len;
fprintf('准确率为:%f\n', 1−(error/len))
fprintf('错误的个数为:%f\n', error)
arrtest=[arrtest j];
accrancy=[accrancy 1−(error/len)];
end
fprintf('平均准确率为:%d  ',mean(accrancy));
plot(arrtest * 10, accrancy, '−b * ');
xlabel('测试集取值百分比');
ylabel('准确率');
title('交叉验证');
```

3) 分析交叉验证结果

本示例分别取了 10%、20%、30%、40%、50%、60%、70%、80%、90%的测试集数据来验证该算法是否适合 Mnist 数据集。交叉验证分为不同比例后,将每一个比例的值存储在 Accrancy 数组中,再对这个数组取平均值,平均值才是交叉验证需要看的结果,才能衡量 KNN 算法是否适合这个数据集,结果如图 6-1 所示。最终平均准确率为 0.890447。

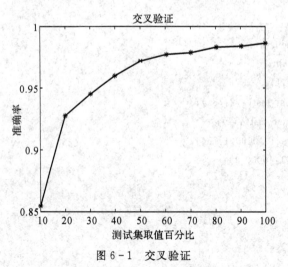

图 6-1　交叉验证

6.2 KNN 算法介绍

6.2.1 KNN 算法概述

KNN(K-Nearest Neighbor)分类算法是数据挖掘分类技术中最简单的方法之一。所谓 KNN,即 K 最近邻,就是 K 个最近的邻居的意思,指每个样本都可以用它最接近的 K 个邻居来代表。其算法原理可以总结为"近朱者赤,近墨者黑"。

KNN 算法的核心思想是:如果一个样本在特征空间中的 K 个最相邻的样本大多数属于某一个类别,则该样本也属于这个类别,并具有这个类别样本的特性。该方法在确定分类决策上只依据最邻近的一个或者几个样本的类别来决定待分样本所属的类别。KNN 方法在类别决策时,只与极少量的相邻样本有关。由于 KNN 方法主要靠周围有限的邻近样本,而不是靠判别类域的方法来确定所属类别,因此对于类域的交叉或重叠较多的待分样本集来说,KNN 方法较其他方法更为适合。

KNN 算法不仅可以用于分类,还可以用于回归。通过找出一个样本的 K 个最近邻居,将这些邻居的属性的平均值赋给该样本,就可以得到该样本的属性。更有用的方法是将不同距离的邻居对该样本产生的影响给予不同的权值(Weight),如权值与距离成反比。

6.2.2 KNN 算法实现步骤

KNN 算法即 K 最近邻算法是对训练数据集与测试数据集进行算法计算,其方法描述如下:

(1) 计算训练数据集与测试数据集的欧氏距离,得出其相似性;

(2) 依据相似性排序;

(3) 选择前 K 个最为相似的样本对应的类别;

(4) 统计出类别的个数;

(5) 得到测试数据集的分类结果;

(6) 得到测试数据集的标签类别;

(7) 重复步骤(1)~(6),直到测试集所有数据得出标签类别;

(8) 显示最终结果以及得出的正确率。

6.2.3 KNN 算法的优缺点

1. KNN 算法的优点

(1) 该算法简单易行;

(2) 没有必要建立模型,调整多个参数,或者做额外的假设;

(3) 该算法是通用的,可以用于分类、回归和搜索。

2. KNN 算法的缺点

随着示例、预测器、独立变量数量的增加,KNN 算法的运行会变得非常慢,这将使得在需要快速做出预测的环境中,KNN 算法变成了一个不切实际的选择。

6.3 支持向量机模型

支持向量机(Support Vector Machine，SVM)属于有监督学习模型，在机器学习、计算机视觉、数据挖掘中广泛应用，主要用于解决数据分类问题。支持向量机在高维或无限维空间中构造超平面或超平面集合，将原有限维空间映射到维数更高的空间中，在该空间中进行分类可能会比较容易。它可以同时最小化经验误差和最大化几何边缘区，因此也被称为最大间隔分类器。简单来说，分类边界距离最近的训练数据点越远越好，因为这样可以缩小分类器的泛化误差。

6.3.1 模型原理分析

从几何性质上来看，图 6-2 给出了三种分类方式。可以看出，第三张图的分割超平面的分割效果最好，因为它要容忍更多噪声就需要所有样本与分割超平面的距离尽可能远。为了求得这个尽可能远的分割超平面，就需要求得每个点到超平面的距离之和，并求得当取得这个最小距离和时的超平面。

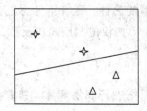 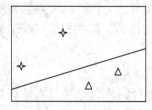 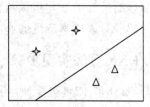

图 6-2　三种不同的分类方式

6.3.2 模型应用示例

本案例主要是基于支持向量机和主成分分析(Principal Component Analysis，PCA)的人脸识别。主成分分析是一种降维方法，可以从多种特征中解析出主要的影响因素，使用较少的特征数量表示整体。例如某个属性下，所有的样本的值都相同或差距不大，那么这个特征本身就没有区分性，用它区分样本，区分度会非常小。所以，PCA 的目标是寻找那些变化大的属性，即方差大的维度。

1. 获取数据集

实验的数据集叫做 Labeled Faces in the Wild，示例图片如图 6-3 所示，读者可以从网站 http://vis-www.cs.umass.edu/lfw/lfw-funneled.tgz 下载。

Adrian_Nastase　　Adrian_Nastase
_0001.jpg　　　　_0002.jpg

图 6-3　人脸数据集

2. 导入所需的库

实现过程参考代码如代码 6 - 4 所示。

代码 6 - 4　利用 Python 导入所需的库

```
from __future__ import print_function
from time import timeimport logging
import matplotlib. pyplot as plt
from sklearn. model_selection import train_test_split
from sklearn. datasets import fetch_lfw_people
from sklearn. model_selection import GridSearchCV
from sklearn. metrics import classification_report
from sklearn. metrics import confusion_matrix
from sklearn. decomposition import PCA
from sklearn. svm import SVC
from PIL import Imageprint(__doc__)
#   Display progress logs on stdout logging. basicConfig(level=logging. INFO, format='%
(asctime)s%(message)s')Automatically created module for IPython interactive environment
```

3. 数据集分类

实现过程参考代码如代码 6 - 5 所示。

代码 6 - 5　利用 Python 进行数据集分类

```
#   下载数据集到特定的目录(指定当前目录), data_home 设置当前下载的路径
#   min_faces_per_person 表示只下载个人图片超过 70 张的图片
#   resize 对原图进行缩放
lfw_people = fetch_lfw_people(data_home='. /', min_faces_per_person=70, resize=0. 4)n_
samples, h, w = lfw_people. images. shape
#   n_samples = 1288 , h = 50, w = 37
X = lfw_people. data
n_features = X. shape[1] #1850
y = lfw_people. targettarget_names = lfw_people. target_namesn_classes = target_names.
shape[0]  #   7
print("Total dataset size:")
print("n_samples: %d" % n_samples)
print("n_features: %d" % n_features)
print("n_classes: %d" % n_classes)
#   Total dataset size:n_samples: 1288n_features: 1850n_classes: 7
```

以训练集和测试集为例,分类过程参考代码如代码 6 - 6 所示。

代码 6 - 6　利用 Python 进行数据集分类

```
#   将数据集随机分成训练集和测试集，且比例为 3 : 1，
#   random_state＝42 表示设置种子随机器为常数，因此，每次运行后的训练集和测试集是固定的
X_train,X_test,y_train,y_test = train_test_split(X,y,test_size＝0.25,random_state＝42)
```

4. 特征预处理

图像的每一个像素是一个特征，本次实验的数据集经过缩放后的图像尺寸为 50×37，特征共 1850 个，大于训练数据集容量 1288 个的数值要求。因此，需要进行降维处理。这里采用主成分分析法（PCA）进行降维，其降维原理是：把数据投影到正交的基向量，选择前几个方差较大的基向量。实现过程如代码 6 - 7 所示。

代码 6 - 7　利用 Python 进行特征预处理

```
n_components = 150
print("Extracting the top %d eigenfaces from %d faces" % (n_components,X_train.shape
[0]))Extracting the top 150 eigenfaces from 966 facest0 = time()pca = PCA(n_components＝n_
components,svd_solver＝'randomized',whiten＝True).fit(X_train)print("done in %0.3fs"%
(time() − t0))done in 0.227seigenfaces = pca.components_.reshape((n_components,h,w))
print("Projecting the input data on the eigenfaces orthonormal basis")t0 = time()X_train_pca =
pca.transform(X_train)X_test_pca = pca.transform(X_test)
print("done in %0.3fs" % (time() − t0))
```

首先对训练集使用随机奇异矩阵分解构建基向量，然后将测试集的数据投影到基向量，这两种步骤使训练集和测试集都实现了同一种规则降维，用 n_components 指定维度。

5. 构建最优模型

这里采用了第一种模型评估方法，即训练数据集用交叉验证的方法选择最优参数，用测试集评估模型性能，实现过程参考代码如代码 6 - 8 所示。

代码 6 - 8　利用 Python 进行模型优化

```
t0 = time()
#   设置模型可选择的参数范围：C 为模型误分类的惩罚系数
#   gamma 为核函数参数
param_grid = {'C':[1e3, 5e3, 1e4, 5e4, 1e5], 'gamma':[0.0001,0.0005,0.001,0.005,
0.01,0.1]}
#   参数择优模型 # SVC：选择支持向量机模型进行分类
#   class_weight = 'balanced'表示样本的权重相等
#   若分类为正常人和癌症病人两种情况，则需要给癌症病人较大的权重
#   cv = 5 表示用五折交叉验证的方法去选择最优参数
clf = GridSearchCV(SVC(kernel＝'rbf',class_weight＝'balanced'),param_grid, cv＝5)
```

构建最优模型

```
clf = clf.fit(X_train_pca,y_train)
print("done in %0.3fs" % (time() − t0))print("Best estimator found by grid search:")print
(clf.best_estimator_)done in 44.160sBest estimator found by grid search:SVC(C=1000.0,cache_
size=200,class_weight='balanced',coef0=0.0,
    decision_function_shape='ovr',degree=3,gamma=0.005,kernel='rbf',
    max_iter=−1,probability=False,random_state=None,shrinking=True,
    tol=0.001,verbose=False)
```

6. 评估模型效果

要评估分类效果,需要明白四个概念:TP,FP,FN,TN。这四个概念解释如下:

(1) True Positive(TP):真阳性,预测为正,实际也为正;

(2) False Positive (FP):假阳性,预测为正,实际为负;

(3) False Negative(FN):假阴性,预测为负,实际为正;

(4) True Negative(TN):真阴性,预测为负,实际也为负。

下面我们用一个例子来解释这四个概念。假设有3类数据,总共有9个数,分类结果和真实数据样本、类别如表6-1所示。

表6-1 分类结果和真实数据样本、类别

序号	1	2	3	4	5	6	7	8	9
样本值	10	9	12	9.5	24	23	28	31	33
真实类别	1	1	1	1	2	2	2	3	3
分类结果	1	1	2	3	2	2	3	2	3

首先,看真阳性。真阳性的定义是"预测为正,实际也是正",就是指预测正确,是哪个类就被分到哪个类。对类1而言,TP的个数为2,对类2而言,TP的个数为2,对类3而言,TP的个数为1。

然后,看假阳性。假阳性的定义是"预测为正,实际为负",就是预测为某个类,但是实际不是。对类1而言,FP个数为0,我们预测之后,把10和9分给了类1,这两个都是正确的,并不存在把不是类1的值分给类1的情况。类2的FP个数是2,12和31都不是类2,但却分给了类2,所以为假阳性。类3的FP个数为2。

最后,看一下假阴性,假阴性的定义是"预测为负,实际为正",对类1而言,FN个数为2,12和9.5分别预测为类2和类3,但是实际是类1,也就是预测为负,实际为正。对类2而言,FN个数为1,对类3而言,FN个数为1。

由此,引出两个评估分类结果的指标:精度(Precision)和召回率(Recall)。精度表征分类器的分类效果(查准效果),它是在预测为正样本的实例中预测正确的频率值。召回率是表征某个类的召回(查全)效果,它是在标签为正样本的实例中预测正确的频率。

作为分类结果,精度和召回率都应该保持一个较高的水准,但事实上这两者在某些情况下有矛盾。比如极端情况下,只搜索出了一个结果,且是正确的,那么精度就是100%,

但是召回率就很低；如果把所有结果都返回，比如召回率是100%，但是精度就会很低。因此在不同的场合中需要自己判断希望精度比较高或是召回率比较高，此时可以引出另一个评价指标：F1分数(F1-Score)。F1分数是统计学中用来衡量二分类模型精确度的一种指标。它同时兼顾了分类模型的精度和召回率。F1分数可以看作是模型精度和召回率的一种加权平均(数学中的调和平均数)，它的最大值是1，最小值是0。

接下来就可以计算精度、召回率、F1分数，具体计算公式如下：

$$精度 = \frac{TP}{TP+FP}$$

$$召回率 = \frac{TP}{TP+FN}$$

$$F1分数 = 2 \times \frac{精度 \times 召回率}{精度 + 召回率}$$

实现过程如代码6-9所示。

代码6-9 利用Python进行分类结果评估

```
# 测试数据集评估最优模型
t0 = time()y_pred = clf. predict(X_test_pca)
print("done in %0. 3fs" % (time() - t0))
print(classification_report(y_test,y_pred,target_names = target_names))
# 输出混淆矩阵
print(confusion_matrix(y_test, y_pred, labels = range(n_classes)))done in 0.062s
```

	precision	recall	F1 - score	support
Ariel Sharon	0.83	0.38	0.53	13
Colin Powell	0.79	0.87	0.83	60
Donald Rumsfeld	0.94	0.63	0.76	27
George W Bush	0.81	0.98	0.89	146
Gerhard Schroeder	0.95	0.80	0.87	25
Hugo Chavez	1.00	0.47	0.64	15
Tony Blair	0.96	0.75	0.84	36
micro avg	0.84	0.84	0.84	322
macro avg	0.90	0.70	0.76	322
weighted avg	0.86	0.84	0.83	322

```
[[  5   2   0   6   0   0   0]
 [  1  52   0   7   0   0   0]
 [  0   2  17   8   0   0   0]
 [  0   3   0 143   0   0   0]
 [  0   1   0   3  20   0   1]
 [  0   4   0   3   1   7   0]
 [  0   2   1   6   0   0  27]]
def plot_gallery(images, titles, h, w, n_row=3, n_col = 4):
    plt. figure(figsize=(3 * n_col, 3 * n_row))
    plt. subplots_adjust(bottom=0, left=0.1, right=.99, top=.90, hspace=.35)
```

```
for i in range(n_row * n_col):
    plt.subplot(n_row, n_col, i+1)
    plt.imshow(images[i].reshape((h, w)), cmap=plt.cm.gray)
    plt.title(titles[i], size = 12)
    plt.xticks(())
    plt.yticks(())def title(y_pred, y_test, target_names, i):
pred_name = target_names[y_pred[i]]
true_name = target_names[y_test[i]]
return "predicted：%s\ntrue：%s" % (pred_name,true_name)prediction_titles =
[title(y_pred, y_test, target_names, i) for i in range(y_pred.shape[0])]
    len(prediction_titles)322plot_gallery(X_test, prediction_titles，h, w)
```

处理完的图片如图 6-4 所示。

predicted:George W Bush
true: George W Bush

predicted:George W Bush
true: George W Bush

predicted:Tony Blair
true: Tony Blair

predicted:George W Bush
true: George W Bush

predicted:George W Bush
true: George W Bush

predicted:George W Bush
true: George W Bush

predicted:Gerhard Schroeder
true: Gerhard Schroeder

predicted:Colin Powell
true: Colin Powell

图 6-4　初步处理结果

7. 降维后的特征空间图

实现过程如代码 6-10 所示。

代码 6-10　利用 Python 显现降维特征空间

```
eigenface_titles = ['eigenface %d' % i for i in
    range(eigenfaces.shape[0])]plot_gallery(eigenfaces,eigenface_titles,h,w)
    plt.show()
```

降维过后的人脸图片如图 6-5 所示。

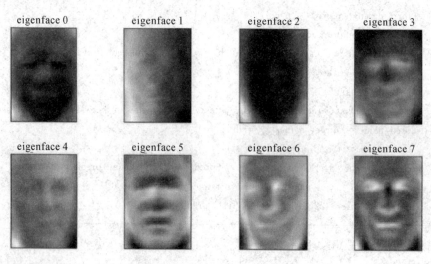

图 6-5 降维后的人脸图片

6.4 实 验 与 代 码

将 Jain 的数据集的数据分为训练集和测试集,通过 KNN 算法进行分类,计算出分类的准确率并画图显示。分别用 Matlab(实现过程如代码 6-11 所示)和 Python(实现过程如代码 6-12 所示)对 KNN 分类进行实现。

代码 6-11 利用 Matlab 进行 KNN 分类

```
function relustLabel=KNN3(test,train,trainlabels,k,type)
%  test 为一条输入测试数据,train 为样本数据,trainlabels 为样本标签,选取 K 个临近值
row = size(train,1);
for j=1:row
    switch type
        case 1      %  求 test 到每个样本的欧氏距离
distanceMat(j)=sum((test-train(j,:)).^2);
        case 2      %  求 test 到每个样本的夹角余弦
            distanceMat(j)=(train(j,:) * test')/(norm(train(j,:),2) * norm(test,2));
            if distanceMat(j)<0
distanceMat(j)=(distanceMat(j)+1)/2;
            end
    end
end
distanceMat=distanceMat';
[B, IX] = sort(distanceMat,'ascend');    %  距离从小到大排序
len = min(k,length(B));    %  选 k 个邻近值,当然 k 不能超过训练样本个数
relustLabel = mode(trainlabels(IX(1:len)));
                        %  取众数(即出现频率最高的 label)作为返回结果
```

```
end

% 使用KNN算法，计算 Jain 数据集的正确率
load Jain. txt
data＝Jain;
dataMat = data(:,1:2);
labels = data(:,3);
len = size(dataMat,1);
error = 0;
k = 19;
maxV = max(dataMat);
minV = min(dataMat);
range = maxV－minV;
newdataMat = (dataMat－repmat(minV,[len,1])). /(repmat(range,[len,1]));
% 测试数据比例
Ratio = 0.2;
numTest = floor(Ratio * len); % length(data) * 0.2条测试,剩下的为训练集(ps:均为整数)

% 训练数据和测试数据
TrainData＝newdataMat(numTest＋1:end,:);
TrainLabels＝labels(numTest＋1:end,:);
TestData＝newdataMat(1:numTest,:);
TestLabels＝labels(1:numTest,:);

% 测试,欧氏距离 type＝1,夹角余弦 type＝2
type＝1;
for i = 1:numTest
classifyresult = KNN3(TestData(i,:),TrainData,TrainLabels,k,type);
    % classifyresult 是 KNN 训练后未知样本的类别
    if(classifyresult~＝labels(i))  % 比较KNN训练的标签与原来的标签是否一样
        error = error＋1;
    end
end
fprintf('准确率为:%f\n',1－error/(numTest))
```

代码 6－12 利用 Python 进行 KNN 分类

```python
import numpy as np
# 给出训练数据以及对应的类别
def createDataSet():
    group = np.array([[1.3,1.1],[0,0],[1.0,2.0],[1.2,0.1],[3,1.4],[3.4,3.5],
        [3.2,2.2],[3.5,2.7],[4,2.4]])
    labels = ['A','A','A','A','B','B','B','B','B']
```

```
        return group,labels
    #  计算欧氏距离
    def get_distance(X,Y):
        return np.sum((X-Y)**2)**0.5


    def knn(x_test,x_train,y_train,k):
        distances = []
        y_kind={}
        #  计算点到每个训练集样本的距离
        for i in x_train:
            distances.append(get_distance(x_test,i))
        tmp=list(enumerate(distances))
        #  对距离进行排序,取前 K 个距离最近的点
        tmp.sort(key=lambda x:x[1])
        min_k_dis=tmp[:k]
        #  前 K 个的 y 标签进行字典统计
        for j in min_k_dis:
            t_key = y_train[j[0]]  #  标签 j[0]是索引下标
            if t_key in y_kind.keys():
                y_kind[t_key] += 1
            else:
                y_kind.setdefault(t_key,1)
        #  对标签结果进行排序
        t=sorted(y_kind.items(),key=lambda x:x[1],reverse=True)
        #  返回标签最多的一个
        return t[0][0]


x_train,y_train = createDataSet()
x_test = np.array([4,3.4])
n_neighbors = 3
output = knn(x_test,x_train,y_train,n_neighbors)
print("测试数据为:",x_test,"分类结果为:",output)
```

本 章 小 结

分类是在一堆已知类别的样本中训练一种分类器,让其能够对未知的样本进行分类。分类算法属于监督学习类型。分类的过程是建立一个分类模型来描述预定的数据集或概念集,通过分析由属性描述的数据库元组来构造模型。分类的目的是使用分类对新的数据集进行划分,其主要涉及分类规则的准确性、过拟合、矛盾划分的取舍等。

常用的分类算法有:NBC(Naive Bayesian Classifier,朴素贝叶斯分类)算法、LR(Logistic Regress,逻辑回归)算法、ID3(Iterative Dichotomiser 3,迭代二叉树 3 代)决策

树算法、C4.5 决策树算法、C5.0 决策树算法、SVM(Support Vector Machine，支持向量机)算法、KNN(K-Nearest Neighbor，K 最近邻近)算法、ANN(Artificial Neural Network，人工神经网络)算法等。

<h2>练 习 题</h2>

1. 对不同的 K 值进行 KNN 聚类分析，并利用 Matlab 画出效果图。图标上设置横坐标名称，不同类设置不同的样式和颜色。其参考代码如代码 6-13 所示。

代码 6-13 利用 Matlab 进行 KNN 分类

```
clc; clear all
load Jain. txt
data=Jain;
dataMat = data(:,1:2);
labels = data(:,3);
len = size(dataMat,1);
error_arr = [];
k_arr = [];
for k = 2:10
    error = 0;
    k = k * 2 - 1;
maxV = max(dataMat);
minV = min(dataMat);
    range = maxV−minV;
newdataMat = (dataMat−repmat(minV,[len,1])). /(repmat(range,[len,1]));
    %  测试数据比例
    Ratio = 0.2;
numTest = floor(Ratio * len);
                %  length(data) * 0.2 条测试,剩下的为训练集(ps:均为整数)

%  训练数据和测试数据
TrainData=newdataMat(numTest+1:end,:);
TrainLabels=labels(numTest+1:end,:);
TestData=newdataMat(1:numTest,:);
TestLabels=labels(1:numTest,:);
    %  测试,欧氏距离 type=1,夹角余弦 type=2
    type=1;
    for i = 1:numTest
classifyresult = KNN3(TestData(i,:),TrainData,TrainLabels,k,type);
        %  classifyresult 是 KNN 训练后未知样本的类别
        if(classifyresult~=labels(i))   %  比较 KNN 训练的标签与原来的标签是否一样
            error = error+1;
```

```
            end
        end
    fprintf('准确率为:%f\n',1-error/(numTest))
    k_arr = [k_arr k];
    error_arr = [error_arr 1-error/(numTest)];
    end
    plot(k_arr,error_arr,'-o');
    title('取不同 k 值的准确率');
    xlabel('k 值');
    ylabel('准确率');
```

2. 作为一种分类算法，支持向量机的基本原理是什么？

3. 举例说明支持向量机的应用过程。

4. 如果有 3 个三维点：$[10,20,30]$，$[14,24,49]$，$[23,43,54]$，请计算这三个点之间的欧氏距离，并找出欧氏距离最短的两个点。

5. 利用 Python 和 Matlab 两种编程方式计算上述练习题 4。

第 7 章　大数据集下的机器学习案例

通过前面六章的学习，我们已经基本掌握了机器学习和数据挖掘的基础知识。本章开始学习机器学习在实际大数据集上的应用。在工具的选择方面，本章将简单介绍目前机器学习领域常见的开源框架，重点介绍目前开源框架领域在工业化机器学习中应用最为广泛的 TensorFlow 框架。在如何使用 TensorFlow 方面，本章从 TensorFlow 的开发环境搭建开始，逐步回顾一元线性回归、KNN 等读者已经掌握的机器学习算法，最后介绍目前相关领域非常火热的深度学习，并且以卷积神经网络(CNN)作为代表进行详细介绍，使读者对深度学习建立一个基本的概念和认识。

7.1　TensorFlow

7.1.1　TensorFlow 介绍

TensorFlow 是谷歌基于 DistBelief 进行研发的第二代人工智能学习系统，其命名来源于本身的运行原理。Tensor(张量)表示 N 维数组，Flow(流)表示基于数据流图的计算，TensorFlow 为张量从流图的一端流动到另一端的计算过程，是将复杂的数据结构传输至人工智能神经网络中进行分析和处理的智能系统。TensorFlow 可被用在语音识别或图像识别等多项机器学习和深度学习领域，在 2011 年开发的深度学习基础架构 DistBelief 中对其进行了各方面的改进，使它可在小到一部智能手机、大到数千台数据中心服务器的各种设备上运行。TensorFlow 完全开源，任何人都可以使用。

TensorFlow 是 Google 开源的第二代用于数字计算的软件库。起初，它是 Google 大脑团队为了研究机器学习和深度神经网络而开发的，但后来发现这个系统足够通用，能够支持更加广泛的应用，就将其开源贡献了出来。

概括地说，TensorFlow 可以理解为一个深度学习框架，里面有完整的数据流向与处理机制，同时还封装了大量高效可用的算法及神经网络搭建方面的函数，可以在此基础之上进行深度学习的开发与研究。本书正是基于 TensorFlow 来进行深度学习研究的。

TensorFlow 是当今深度学习领域中最火的框架之一。在 GitHub 上，TensorFlow 的受欢迎程度目前排名第一，它以 3 倍左右的票数遥遥领先于第二名的 PyTorch。

7.1.2　其他深度学习框架

下面介绍比较流行的七款深度学习框架。

(1) PyTorch。PyTorch 是一个开源的 Python 机器学习库，是 Facebook 基于 Torch 推出的一个基于 Python 的可续计算包，它提供两个高级功能：强大的 GPU 加速的张量计算

（如 numpy）；包含自动求导系统的深度神经网络。

（2）Theano。Theano 是一个拥有十余年历史的 Python 深度学习和机器学习框架，用来定义、优化和模拟数学表达式的计算，用于高效地解决多维数组的计算问题，有较好的扩展性。

（3）DeepLearning 4j。DeepLearning 4j 是基于 Java 和 Scala 语言开发的，应用在 Hadoop 和 Spark 系统之上的深度学习软件。

（4）Caffe。Caffe 当年是深度学习的领头羊，它最初是一个强大的图像分类框架，是最容易测试评估性能的标准深度学习框架，并且提供很多预训练模型，尤其该模型的复用价值在其他框架的学习中都有出现，大大缩短了现有模型的训练时间。但是 Caffe 这些年来似乎停滞不前，没有更新。尽管 Caffe 最近又重新崛起，从架构上看更像是 TensorFlow，而且与原来的 Caffe 也不在一个工程里，可以独立成一个框架来看待，与原 Caffe 关系不大，但不建议使用它。

（5）Keras。Keras 可以理解为一个 Theano 框架与 TensorFlow 前端的组合。其构建模型的 API 调用方式逐渐成为主流，包括 TensorFlow、CNTK、MXNet 等知名框架，都提供了对 Keras 调用语法的支持。使用 Keras 编写的代码有更好的可移植性。

（6）MXNet。MXNet 是一个可移植的、可伸缩的深度学习库，具有 Torch、Theano、Chainer 和 Caffe 的部分特性，不同程度地支持 Python、R、Scala、Julia 和 C ++语言，是目前比较热门的主流深度学习框架之一。

（7）CNTK。CNTK 是微软开发的一个深度学习软件包，其以速度快著称；它独有的神经网络配置语言 Brain Script 大大降低了学习门槛。有微软作为后盾，CNTK 成为了最具有潜力与 TensorFlow 争夺天下的深度学习框架。但目前其成熟度要比 Tensor Flow 差很多，即便是发行的版本也会有大大小小的 bug。与其他框架一样，CNTK 具有文档资料不足的缺点。但其与 Visual Studio 的天生耦合，以及其特定的 MS 编程风格，使得熟悉 Visual Studio 工具的人员从代码角度极易上手。另外，CNTK 目前并不支持 Mac 操作系统。

7.1.3　使用 TensorFlow 的原因

目前有众多深度学习和机器学习的框架可供选择，我们为什么要学习 TensorFlow 呢？一个很重要的原因是 TensorFlow 可以有效满足生产和科研的需要。对于生产来讲，人们希望学习框架更加高效，扩展性强并且可维护。而对于研究人员，则希望使用的机器学习框架拥有更加灵活的操作。现在市面上用于替代 TensorFlow 的框架，要么十分灵活但扩展性较差，如 Chainer 和 PyTorch；要么可扩展性强但又不太灵活，如 Caffe 和 MXNet。而 TensorFlow 具备了上述的所有优点，它既灵活又有较好的扩展性，既适合用于生产也适合用于科研工作。

正是因为 TensorFlow 这种独一无二的特性和独特的地位使它得以迅速发展。目前，TensorFlow 已经被 Google、OpenAI、NVIDIA、Intel、SAP、eBay、Airbus、Uber、Airbnb、Snap 和 Dropbox 等大公司所使用。截至 2018 年 1 月 11 日，在 Github 上，TensorFlow 已经拥有了超过 8.5 万颗星 Star 以及 2.5 万的相关存储库，是其余框架的两倍还多。

总而言之，我们选择使用 TensorFlow 可归纳为以下几点：

(1) 支持 Python API；

(2) 可移植性：仅仅使用一个 API 就可以将计算任务部署到服务器或者 PC 的 CPU 或者 GPU 上；

(3) 灵活性：适用于诸如 Linux、Cent OS、Windows 等操作系统；

(4) 可视化（TensorBoard 是一个黑科技）；

(5) 支持存储和恢复模型与图；

(6) 拥有庞大的社区支持；

(7) 现在很多工作的开展都是基于 TensorFlow 进行的；

(8) 属于基于 TensorFlow 的高级 API。

现如今，已经出现了很多基于 TensorFlow 的高级 API，诸如 Keras、TFlearn、Sonnet 等。这些 API 提供了强大的功能，使人们可以在短短的几行代码中调用复杂的神经网络模型。但是，TensorFlow 的主要目的不是为了提供可以直接调用的机器学习的解决方案。相反，TensorFlow 提供了广泛的函数和类，允许用户可以从头开始定义自己的模型，这为 TensorFlow 的使用提供了更好的灵活性。通过 TensorFlow，人们几乎可以实现想要实现的任何框架模型。

7.2　TensorFlow 环境搭建

7.2.1　TensorFlow 运行环境

目前，TensorFlow 支持多种语言环境，相对而言，学习和测试环境下主要以 Python 为主。TensorFlow 目前支持 CPU 和 GPU 运行，其中 GPU 的运行效率远远高于 CPU，且目前 GPU 应用很广泛，大量实例只能运行在 GPU 版本上。本书中的实例都能在 CPU 上运行，故本书不提及 GPU 的环境搭建。有兴趣的读者可以参考网上相关内容，并需要一个带有 NVIDIA GPU 显卡且支持 CUDA 计算的计算机。

考虑到代码的兼容性，本书使用的是 Python 3.5 开发环境，开发工具使用 Anaconda ＋PyCharm，操作系统使用 Windows 10。TensorFlow 学习过程与操作系统无关，读者也可以使用 Linux 或 Mac 搭建 TensorFlow 环境，相关内容本书不涉及，读者可自己学习。

本章涉及的各个软件版本为：Anaconda 3 的 4.1.1 版本，PyCharm 2017.3.2 版本，TensorFlow 1.4.0 版本。

7.2.2　下载安装 Anaconda

1. Anaconda 介绍

Anaconda 指的是一个开源的 Python 发行版本，其中包含了 Conda、Python 等 180 多个科学包及其依赖项。正因为 Anaconda 包含了大量的科学包，所以其下载文件比较大（约531 MB）。如果只需要某些包，或者需要节省带宽或存储空间，也可以使用 Miniconda 这个较小的发行版（仅包含 Conda 和 Python）。

Conda 是一个开源的包、环境管理器，可以用于在同一个机器上安装不同版本的软件包及其依赖项，并能够在不同的环境之间切换。

Anaconda 包括 Conda、Python 以及一大堆安装好的工具包，如 numpy、pandas 等。
Miniconda 包括 Conda、Python。

2. Anaconda 的下载及安装方法

（1）通过网络搜索找到 Anaconda 官网，单击官网链接，如图 7-1 所示。或者直接访问网站 http：//www.anaconda.com。

图 7-1　Anaconda 3 搜索结果图

（2）进入 Anaconda 官网，单击右上角的 Download 按钮，如图 7-2 所示。

图 7-2　Anaconda 3 下载界面

（3）下载地址：https：//www.anaconda.com/download/。

TensorFlow1.3 以前的版本不支持 Python 3.6 版本。为了更好地兼容，不建议下载最新的 Anaconda 3 版本，而是推荐使用 Anaconda 3 中支持 Python 3.5 的版本。如 Anaconda 4.1.1—4.2.0 之间的版本。本书中使用的是 Python 3.5 版本，全部以该版本为例。

本书建议下载 Anaconda 3 的 4.1.1 版本，相关安装包请参考本书资源的百度网盘，或者联系本书作者索取。

7.2.3　安装 PyCharm

PyCharm 是一种 Python IDE，带有一整套可以帮助用户在使用 Python 语言开发时提高其效率的工具，比如调试、语法高亮、Project 管理、代码跳转、智能提示、自动完成、单元测试、版本控制。此外，该 IDE 提供了一些高级功能，以用于支持 Django 框架下的专业

Web 开发。Python IDE 同样还可以考虑使用 Anaconda 自带的 Spyder，只是相对于 Spyder，PyCharm 更方便易用，功能更强大。

在网页中输入网址 http：//www. jetbrains. com/PyCharm/download/＃ section＝ windows，下载 PyCharm，下载时注意左边为专业版，右边为社区版。根据需要选择（这里选择左边的专业版），点击 DOWNLOAD 开始下载。下载界面如图 7-3 所示。

图 7-3　PyCharm 下载界面

找到下载好的文件进行安装。根据需要选择所要安装的路径，同时也可以根据喜好自由设置路径（也可以使用默认路径）。完成了安装路径设置以后，如图 7-4 所示可选择 PyCharm 的位数，根据自己的 Python 版本的位数和计算机的位数进行选择。在安装完成 PyCharm 以后，勾选 Run PyCharm 弹出图 7-5 所示页面，选择最下面一项 Do not import settings。

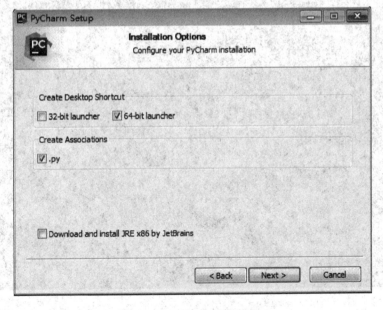

图 7-4　PyCharm 安装界面 1

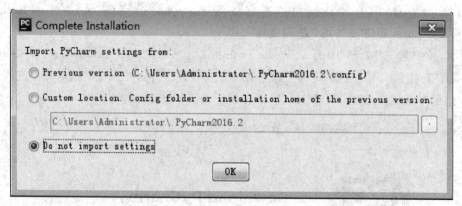

图 7 - 5　PyCharm 安装界面 2

由于 PyCharm 属于商业软件，是由 JetBrains 开发的一款 Python IDE，所以在 PyCharm 的使用上需要购买激活码。学生可以凭借学生证或者@edu 后缀的邮箱向 JetBrain 申请免费一年的 Licence 许可权，可在 JetBrain 官网上进行申请操作。

在完成安装后，创建项目并配置 Anaconda。首先点击 Create New Project，Location 为文件存储位置，Project Interpreter 为解释器，也就是 Anaconda 中的 Python.exe。按图中步骤操作，最后点击 Create。创建完之后进入 PyCharm 界面，点击 Close，在 File 选项中选择 Default Setting，选择 Project Interpreter 并且按步骤选中 Anaconda 中的 Python.exe。创建项目和配置的具体过程如图 7 - 6、图 7 - 7 和图 7 - 8 所示。

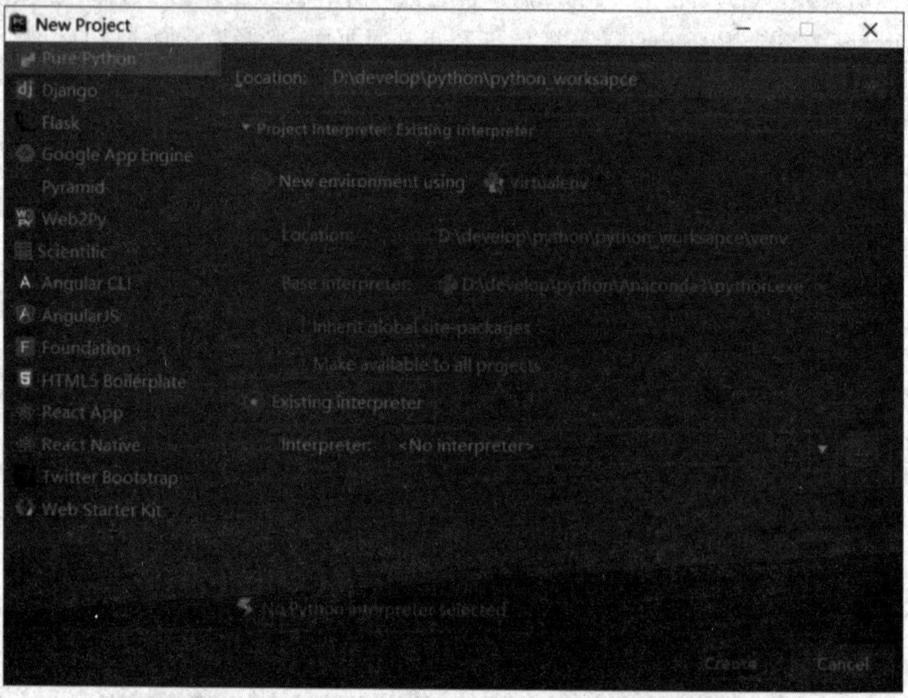

图 7 - 6　PyCharm 新建工程界面

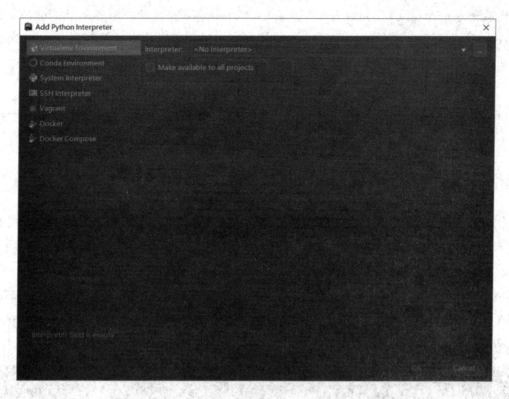

图 7 - 7　PyCharm 新建工程设置界面(1)

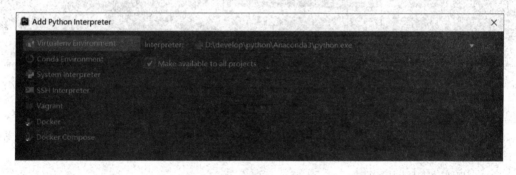

图 7 - 8　PyCharm 新建工程设置界面(2)

　　在完成了 Anaconda 和 PyCharm 的安装后，一个基础的 Python 开发环境就搭建完毕了。此时我们就能够使用 pip 安装 Python 依赖的软件包，但由于此时还无法使用 Tensor-Flow，所以接下来要安装 TensorFlow。

7.2.4　Windows 平台下安装 TensorFlow

1. 更新 pip 源

　　在安装 TensorFlow 之前，需要先升级一下 pip 源。由于 Python 里的 pip 是官方自带的源，国内使用 pip 安装的时候十分缓慢，所以最好是更换成国内的源地址。如果计算机的操作系统是 Windows 10，可以直接在路径 C：\Users\XX 中新建一个名为 pip.ini 的文件夹，再在里面新建一个 pip.ini 文件，并使用文本编辑器将以下内容复制到 pip.ini 文件下面。

代码 7 - 1　pip.ini 文件配置信息

〔global〕

index－url ＝ http：//pypi.douban.com/simple

〔install〕

trusted－host ＝ pypi.douban.com

这里使用的是豆瓣 pip 源，同样也可以采用清华源和阿里源，具体内容这里不再给出，有兴趣的读者可自行搜索并更新。

然后打开 Windows 的命令提示符，在"开始"菜单处右击，选择"运行"，填入"cmd"并回车，即可进入命令提示符。输入"Python - m pip install - - upgrade pip"并回车，系统会自动更新 pip 至最新版本。若最后弹出图 7 - 9 所示的内容，则代表更新源成功。

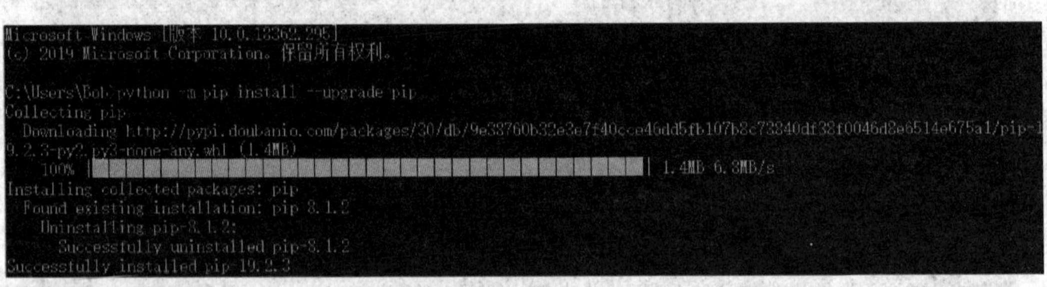

图 7 - 9　TensorFlow 安装界面(1)

2. 安装纯净版本 TensorFlow

若要安装纯净的 TensorFlow 版本，直接在命令提示符下输入下面命令即可：

pip install TensorFlow

上面是 CPU 版本，GPU 版本的安装命令如下：

pip install TensorFlow-gpu

如果想安装指定版本的 TensorFlow，以 CPU 版本为例，输入以下命令：

pip install TensorFlow＝＝1.4.0

为保证代码的可验证性，本书建议采用指定 1.4.0 版本的 TensorFlow。

3. 在线安装 nightly 包

nightly 安装包是 TensorFlow 团队于 2017 年下半年推出的安装模式，适用于在一个全新的环境下进行 TensorFlow 的安装。在安装 TensorFlow 的同时，默认会把需要依赖的库也一起装上，这是非常方便、快捷的安装方式。

直接使用以下命令：

> pip install tf-nightly

即可下载并安装 TensorFlow 的最新 CPU 版本。若要安装最新的 GPU 版本可以使用如下命令：

> pip install tf-nightly-gpu

4. 离线安装 TensorFlow

有时由于网络环境的因素，无法实现在线安装，需要在网络环境好的地方提前将安装包下载下来然后再进行离线安装。

1）下载安装包

可以访问以下网站来查找 TensorFlow 的发布版本：

https：//storage.googleapis.com/TensorFlow/

该网站内容是以 XML 方式提供的，查找起来不是很方便。可以通过地址加上指定的文件名的方式进行下载。例如，一个 TensorFlow 1.4.0 的 CPU 版本安装包的下载路径为

https：//storage.googleapis.com/TensorFlow/windows/cpu/TensorFlow-1.4.0-cp35-cp35m-win_amd64.whl

相应资源可在本书配套资源中进行下载。

2）进行安装

下载完 TensorFlow 二进制文件后，假设要使用 CPU 版本并且安装在 D：\TensorFlow 下，依次选择"开始""运行"命令，在弹出的窗口中输入 cmd，打开命令行窗口，然后输入如下命令来安装 TensorFlow 二进制文件。

> C：\Users\Administrator＞D：
> D：\＞cd TensorFlow
> D：\TensorFlow＞
> D：\TensorFlow＞pip install TensorFlow-1.1.0-cp35-cp35m-win_amd64.whl

5. 验证安装

由于 TensorFlow 版本不同，一些函数的调用可能也有变换，这时可能需要查看 TensorFlow 版本。可以在终端查询，输入命令如下：

> Python
> import TensorFlow as tf
> tf.__version__

查询 TensorFlow 安装路径为

> tf.__path__

忽略掉 warning 信息，查看版本运行结果，如图 7-10 所示。

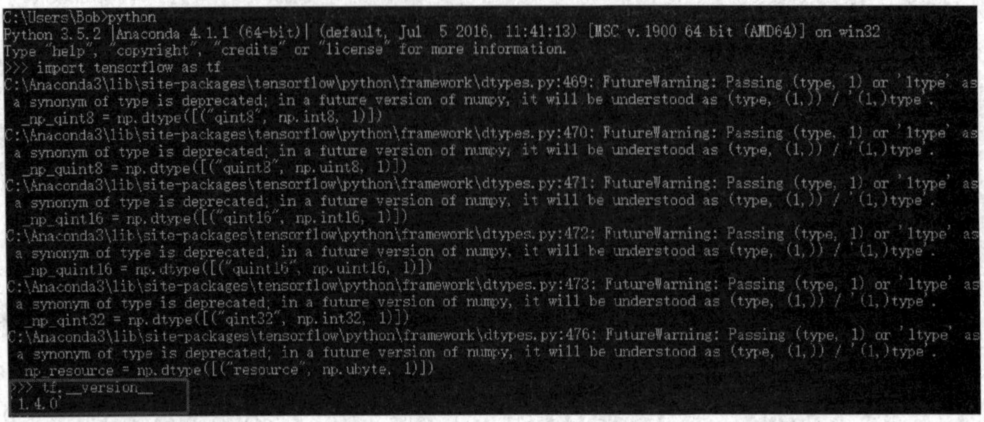

图 7-10 TensorFlow 安装界面(2)

7.3 TensorFlow 典型应用案例：一元线性回归

假设我们有一组数据集，其 y 和 x 的对应关系为 $y \approx 2x$。

本例就是使用机器学习中的一元线性回归来学习这些样本，并能够找到其中的规律，即让网络模型能够总结出 $y \approx 2x$ 这样的公式。

机器学习大概有 4 个步骤：准备数据、搭建模型、迭代训练模型和模型测试。

7.3.1 准备数据

准备数据阶段一般就是把任务的相关数据收集起来，然后建立网络模型，通过一定的迭代训练让网络学习收集来的数据特征形成可用的模型，之后使用模型来解决问题。

这里使用 $y=2x$ 这个公式来做主体，通过加入一些干扰噪声让公式中的"等号"变成"约等于"。

具体操作如下：

导入头文件，然后生成 $-1 \sim 1$ 之间的 100 个数作为 x，见代码 7-2 的第 $1 \sim 5$ 行所示。

将 x 乘以 2，再加上一个 $[-1, 1]$ 区间的随机数 $\times 0.3$，即 $y=2 \times x + a \times 0.3$ (a 属于 $[-1, 1]$ 之间的随机数)，见代码 7-2 第 6 行所示。

代码 7-2 线性回归数据准备

```
import tensorflow as tf
    import numpy as np
    import matplotlib. pyplot as plt
    # 生成模拟数据
    train_X = np. linspace(-1, 1, 100)
    train_Y = 2 * train_X + np. random. randn( * train_X. shape) * 0.3
    #  y=2x，此处加入了随机噪声

    #  显示模拟数据点
```

```
plt. plot(train_X, train_Y, 'ro', label='Original data')
plt. legend( )
plt. show( )
```

注意：np. random. randn(* train_X. shape)这个代码，它等同于 np. random. randn(100)。
运行上面的代码，显示结果如图 7 - 11 所示。

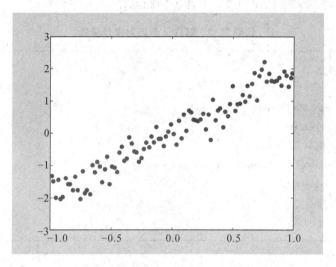

图 7 - 11　准备好的线性回归数据集

7.3.2　搭建模型

接下来开始进行模型搭建。模型分为正向搭建模型和反向搭建模型，分别用于输入输出以及模型训练中的误差校正。

1. 正向搭建模型

1) 解模型及其公式

在具体操作之前，先来了解一下模型的样子。在一元线性回归中，模型如下：

$$z = \sum_{i=1}^{n} w_i \times x_i + b = w \cdot x + b \tag{7-1}$$

式中，z 为输出的结果，x 为输入，w 为权重，b 为偏置值。

z 的计算过程是将输入的 x 与其对应的 w 相乘，然后再把结果加上偏置值 b。

例如，有 3 个输入 x_1、x_2、x_3，分别对应 w_1、w_2、w_3，则 $z = x_1 \times w_1 + x_2 \times w_2 + x_3 \times w_3 + b$。这一过程在线性代数中正好可以用两个矩阵来表示，于是就可以写成（矩阵 **W**）×（矩阵 **X**）$+b$。矩阵相乘的展开式如下：

$$\{w_1, w_2, w_3\} \times \begin{Bmatrix} x_1 \\ x_2 \\ x_3 \end{Bmatrix} = x_1 \times w_1 + x_2 \times w_2 + x_3 \times w_3 \tag{7-2}$$

式(7-2)表明：形状为 1 行 3 列的矩阵与 3 行 1 列的矩阵相乘，结果的形状为 1 行 1 列的矩阵，即 $(1,3) \times (3,1) = (1,1)$。

注意: 这里有个小窍门,如果想得到两个矩阵相乘后的形状,可以将第一个矩阵的行与第二个矩阵的列组合起来,就是相乘后的形状。

在模型中,w 和 b 可以理解为两个变量。模型每次的"学习"都是调整 w 和 b 以得到一个更合适的值。最终,该值配合上运算公式所形成的逻辑就是神经网络的模型。

2) 创建线性回归模型

以下代码 7-3 演示了如何创建一元线性回归的模型。

代码 7-3　线性回归正向模型搭建

```
# 创建模型
# 占位符
X = tf. placeholder("float")
Y = tf. placeholder("float")
# 模型参数
W = tf. Variable(tf. random_normal([1]), name="weight")
b = tf. Variable(tf. zeros([1]), name="bias")
# 前向结构
z = tf. multiply(X, W) + b
```

下面解释该代码:

(1) X 和 Y:为占位符,使用了 placeholder 函数进行定义。一个代表 x 的输入,一个代表对应的真实值 y。

(2) w 和 b:就是前面说的参数,即 w 为权重,b 为偏置值。w 被初始化成 $[-1, 1]$ 的随机数,形状为一维的数字,b 的初始化为 0,形状也是一维的数字。

(3) Variable:定义变量。

(4) tf. multiply:是两个数相乘的意思,结果再加上 b 就等于 z。

2. 搭建反向模型

反向模型在训练的过程中数据的流向有两个方向,即先通过正向生成一个值,然后观察其与真实值的差距,再通过反向过程将里面的参数进行调整,接着再次正向生成预测值并与真实值进行比对,这样循环下去,直到将参数调整为合适值为止。

正向相对比较好理解,反向传播会引入一些算法来实现对参数的正确调整。

下面先介绍一下反向优化的相关代码,见代码 7-4 所示。

代码 7-4　线性回归反向模型搭建

```
# 创建模型
cost = tf. reduce_mean( tf. square(Y - z))
learning_rate = 0.01
optimizer = tf. train. GradientDescentOptimizer(learning_rate). minimize(cost)

# Gradient descent
```

代码说明如下：

第 1 行定义一个 cost，它等于生成值与真实值的平方差。第 2 行定义一个学习率，代表调整参数的速度，这个值一般小于 1。这个值越大，表明调整的速度越大，但不精确；这个值越小，表明调整的精度越高，但速度慢。这就好比生物课上的显微镜调试，显微镜上有两个调节焦距的旋转钮，分为粗调和细调。第 3 行中涉及的函数 GradientDescentOptimizer 是一个封装好的梯度下降算法，里面的参数 learning_rate 叫做学习速率，用来指定参数调节的速度。如果将"学习速率"比作显微镜上不同挡位的"调节钮"，那么梯度下降算法就可以理解成"显微镜筒"，它会按照学习参数的速度来改变显微镜上焦距的大小。

7.3.3　迭代训练模型

迭代训练的代码分成两步来完成。

1. 训练模型

建立好模型后，可以通过迭代来训练模型。TensorFlow 中的任务是通过 session 来进行的。代码 7 - 5 先进行全局初始化，然后设置训练迭代的次数，启动 session 开始运行任务。

代码 7 - 5　模型训练参数设置

```
#   初始化变量
init = tf.global_variables_initializer()
#   定义训练参数
training_epochs = 100
display_step = 2
#   启动 session
with tf.Session() as sess:
    sess.run(init)
plotdata={"batchsize":[],"loss":[] }        #   存放批次值和损失值
    for epoch in range(training_epochs):
        for (x, y) in zip(train_X, train_Y):
            sess.run(optimizer, feed_dict={X: x, Y: y})
#   显示训练中的详细信息
        if epoch % display_step == 0:
            loss = sess.run(cost, feed_dict={X: train_X, Y: train_Y})
            print ("Epoch:", epoch+1, "cost=", loss,"W=", sess.run(W), "b=",
                sess.run(b))
            if not (loss == "NA"):
                plotdata["batchsize"].append(epoch)
                plotdata["loss"].append(loss)
    print (" Finished!")
    print ("cost=", sess.run(cost, feed_dict={X: train_X, Y: train_Y}), "W=",
        sess.run(W), "b=", sess.run(b))
#   print ("cost:",cost.eval({X: train_X, Y: train_Y}))
```

运行代码,工作窗口显示的运行结果如代码 7 - 6 所示。

代码 7 - 6　模型训练参数设置

```
Epoch：1 cost＝ 2.2863543 W＝ [－0.2923248] b＝ [0.6825153]
Epoch：3 cost＝ 0.26926652 W＝ [1.3676056] b＝ [0.24006815]
Epoch：5 cost＝ 0.10422249 W＝ [1.8179754] b＝ [0.07051475]
Epoch：7 cost＝ 0.09330989 W＝ [1.9347831] b＝ [0.02574545]
Epoch：9 cost＝ 0.092650265 W＝ [1.9649917] b＝ [0.01415399]
Epoch：11 cost＝ 0.09262442 W＝ [1.9728029] b＝ [0.01115651]
Epoch：13 cost＝ 0.09262741 W＝ [1.9748231] b＝ [0.0103813]
Epoch：15 cost＝ 0.09262883 W＝ [1.9753451] b＝ [0.01018094]
Epoch：17 cost＝ 0.09262924 W＝ [1.9754801] b＝ [0.01012908]
Epoch：19 cost＝ 0.09262936 W＝ [1.975515] b＝ [0.01011571]
Finished!
cost＝ 0.092629366 W＝ [1.9755212] b＝ [0.01011336]
```

上面的代码中迭代次数设置为 20 次,通过 sess.run 来进行网络节点的运算,通过 feed 机制将真实数据放到占位符对应的位置(feed_dict＝{X：x, Y：y}),同时,每执行一次都会将网络结构中的节点打印出来。

可以看到,cost 的值在不断地变小,w 和 b 的值也在不断地调整。

2. 训练模型可视化

为了将模型中的数据更加直观地展示出来,此处我们使用可视化工具将模型和训练过程的 loss 误差函数状态进行可视化。具体代码如代码 7 - 7 所示。

代码 7 - 7　数据可视化

```
#  图形显示
plt.plot(train_X, train_Y, 'ro', label='Original data')
plt.plot(train_X, sess.run(W) * train_X + sess.run(b), label='Fitted line')
plt.legend()
plt.show()

plotdata["avgloss"] = moving_average(plotdata["loss"])
plt.figure(1)
plt.subplot(211)
plt.plot(plotdata["batchsize"], plotdata["avgloss"], 'b－－')
plt.xlabel('Minibatch number')
plt.ylabel('Loss')
plt.title('Minibatch run vs. Training loss')
plt.show()
```

现在,所有的代码都准备好了,运行程序,生成如图 7 - 12 和图 7 - 13 所示两幅图。

图 7-12 中所示的斜线,是模型中的参数 w 和 b 为常量所组成的关于 x 与 y 的直线方程。可以看到这是一条近乎 $y=2x$ 的直线($w=1.975515$,接近于 2;$b=0.01011571$,接近于 0)。

从图 7-13 中可以看到,刚开始损失值一直在下降,直到 6 次左右趋近平稳。

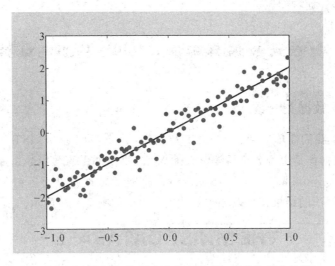

图 7-12　可视化模型(圆点为原始数据,线条为拟合结果)

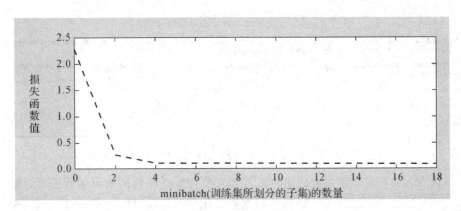

图 7-13　可视化训练损失函数值

7.3.4　模型测试

模型训练好后,我们将 X 的值设置为 2,然后测试我们训练好的线性回归模型的精确度。通过 feed_dict={X:2},然后使用 sess. run 来运行模型中的 z 节点,如代码 7-8 所示,看看它生成的值。

代码 7-8　模型测试

```
print ("x=2, z=", sess. run(z, feed_dict={X: 2}))
```

运行以上所有代码,结果如下所示:

X＝2，z＝[4.0521762]

由于训练的模型每次的结果不一样，所以 z 的值每次也会不一样。但是 z 一般是一个非常接近于 4 的值。至此，我们使用 TensorFlow 建立的一元线性回归模型就这样完成了。

请你尝试使用 TensorFlow 建立一元线性回归模型，来解决第 4 章示例 4-1 的"水稻与施肥量"的一元线性回归问题。

7.4　实际大数据集案例：MNIST 手写体数据集

7.4.1　MNIST 数据集介绍

在第 3 章中，我们简单提到过 MNIST 数据集，在此我们对 MNIST 数据集进行详细的介绍。MNIST 数据集是由著名机器学习大师 Yann 提供的手写数字数据库文件，其官方下载地址为：http://yann.lecun.com/exdb/mnist/，这个数据库里面还包含了对这个数据库进行识别的各类算法的结果比较及相关算法的论文，如图 7-14 所示。

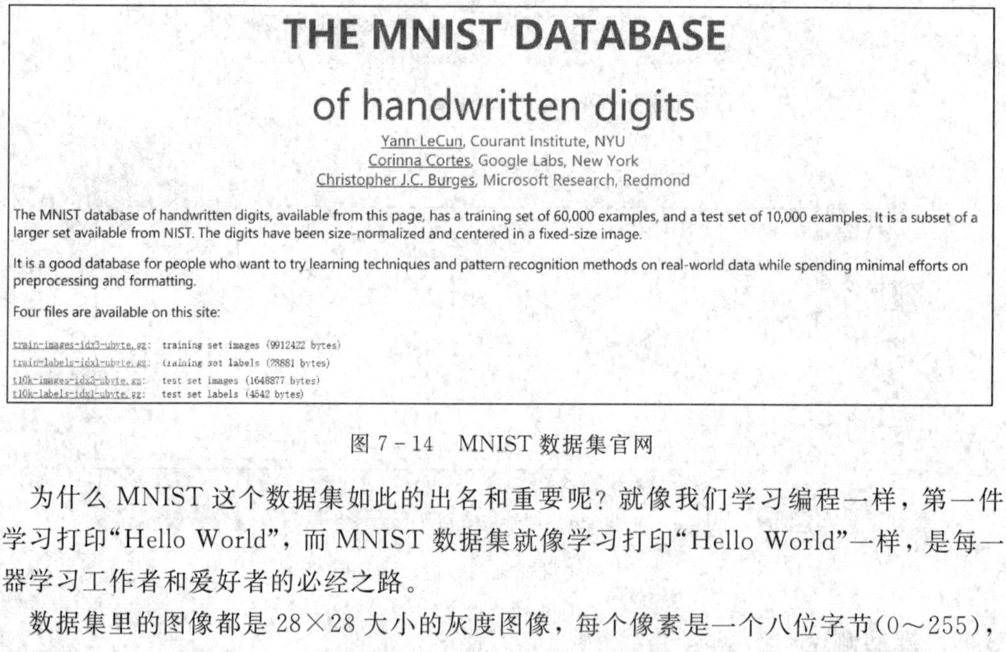

THE MNIST DATABASE
of handwritten digits

Yann LeCun, Courant Institute, NYU
Corinna Cortes, Google Labs, New York
Christopher J.C. Burges, Microsoft Research, Redmond

The MNIST database of handwritten digits, available from this page, has a training set of 60,000 examples, and a test set of 10,000 examples. It is a subset of a larger set available from NIST. The digits have been size-normalized and centered in a fixed-size image.

It is a good database for people who want to try learning techniques and pattern recognition methods on real-world data while spending minimal efforts on preprocessing and formatting.

Four files are available on this site:

train-images-idx3-ubyte.gz: training set images (9912422 bytes)
train-labels-idx1-ubyte.gz: training set labels (28881 bytes)
t10k-images-idx3-ubyte.gz: test set images (1648877 bytes)
t10k-labels-idx1-ubyte.gz: test set labels (4542 bytes)

图 7-14　MNIST 数据集官网

为什么 MNIST 这个数据集如此的出名和重要呢？就像我们学习编程一样，第一件事是学习打印"Hello World"，而 MNIST 数据集就像学习打印"Hello World"一样，是每一个机器学习工作者和爱好者的必经之路。

数据集里的图像都是 28×28 大小的灰度图像，每个像素是一个八位字节（0～255），这个数据集主要包含了 60 000 张的训练图像和 10 000 张的测试图像（部分图像如图 7-15 所示），主要是下面的四个文件：

Training set images：train-images-idx3-ubyte.gz（9.9 MB，解压后为 47 MB，包含 60 000 个样本）

Training set labels：train-labels-idx1-ubyte.gz（29 KB，解压后为 60 KB，包含 60 000 个标签）

Test set images：t10k-images-idx3-ubyte.gz（1.6 MB，解压后为 7.8 MB，包含 10 000 个样本）

Test set labels：t10k-labels-idx1-ubyte. gz（5 KB，解压后为 10 KB，包含 10 000 个标签）

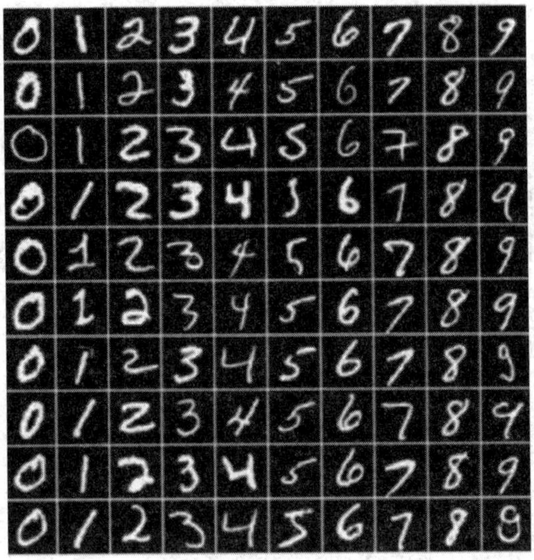

图 7 - 15　MNIST 数据集部分样本（图片来自 MNIST 官网）

7.4.2　下载和导入 MNIST 数据集

TensorFlow 提供了一个库，可以直接用来自动下载与安装 MNIST。下载过程如代码 7 - 9 所示。

代码 7 - 9　下载 MNIST 数据集

```
from tensorflow. examples. tutorials. mnist import input_data
mnist = input_data. read_data_sets("/data/", one_hot=True)
```

运行上面的代码，会自动下载数据集并将文件解压到当前代码所在同级目录下的 MNIST_data 文件夹下。其中，代码中的 one_hot＝True 表示将样本标签转化为 one_hot 编码。one_hot 编码原理如下：假如一共有 10 类，0 的 one_hot 为 1000000000，1 的 one_hot 为 0100000000，2 的 one_hot 为 0010000000，3 的 one_hot 为 0001000000……依此类推，只有一个位为 1，1 所在的位置就代表着第几类。

MNIST 数据集中的图片是 28×28 Pixel（像素），所以，每一幅图就是 1 行 784（28×28）列的数据，括号中的每一个值代表一个像素。

MNIST 是黑白图片，图片中黑色的地方数值为 0；有图案的地方数值为 0～255 之间的数字，代表其颜色的深度。

使用代码打印 MNIST 的信息如代码 7 - 10 所示。

代码 7 - 10　MNIST 数据可视化

```
print ('输入数据：',mnist. train. images)
print ('输入数据：shape：',mnist. train. images. shape)
```

```
import pylab
im = mnist. train. images[1]
im = im. reshape(-1,28)
pylab. imshow(im)
pylab. show()
```

运行上面的代码，输出信息的代码如代码 7 - 11 所示。

代码 7 - 11　下载和加载 MNIST 数据集的显示结果

Successfully downloaded train-images-idx3-ubyte. gz 9912422 bytes.

Extracting MNIST_data/train-images-idx3-ubyte. gz

Successfully downloaded train-labels-idx1-ubyte. gz 28881 bytes.

Extracting MNIST_data/train-labels-idx1-ubyte. gz

Successfully downloaded t10k-images-idx3-ubyte. gz 1648877 bytes.

Extracting MNIST_data/t10k-images-idx3-ubyte. gz

Successfully downloaded t10k-labels-idx1-ubyte. gz 4542 bytes.

Extracting MNIST_data/t10k-labels-idx1-ubyte. gz

输入数据：
[[0. 0. 0. ... 0. 0. 0.]
[0. 0. 0. ... 0. 0. 0.]
[0. 0. 0. ... 0. 0. 0.]
...
[0. 0. 0. ... 0. 0. 0.]
[0. 0. 0. ... 0. 0. 0.]
[0. 0. 0. ... 0. 0. 0.]]
输入数据：shape：(55000，784)

图片可视化结果如图 7 - 16 所示。

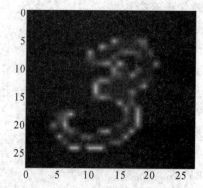

图 7 - 16　MNIST 数据集中一个 3 的样本

刚开始的打印信息是解压数据集的意思。如果是第一次运行，还会显示下载数据的相关信息。接着打印出来的是训练集的图片信息，是一个 55 000 行、784 列的矩阵，即训练集里有 55 000 张图片。为什么不是 60 000 张图片呢？因为该数据集采用"留出法"分类，有 5000 张训练集的图片要被拆分出来作为验证数据集，用于评估训练过程模型的准确度。

在 MNIST 训练数据集中，mnist. train. images 是一个形状为[55 000，784]的张量。其中，第 1 个维度数字用来索引图片，第 2 个维度数字用来索引每张图片中的像素点。此张量里的每一个元素，都表示某张图片里的某个像素的强度值，此值介于 0～255 之间。

MNIST 里包含 3 个数据集：一个是训练数据集，另外两个分别是测试数据集(mnist. test)和验证数据集(mnist. validation)。可使用代码 7 - 12 查看里面的数据信息。

代码 7 - 12　查看 MNIST 数据集信息

```
print('输入数据：shape：',mnist. test. images. shape)
print('输入数据：shape：',mnist. validation. images. shape)
```

运行完上面的命令可以发现，在测试数据集里有 10 000 条样本图片，验证数据集里有 5000 个图片。在实际的机器学习模型设计时，样本一般分为如下三部分：

A. 一部分用于训练；

B. 一部分用于评估训练过程中的准确度(测试数据集)；

C. 一部分用于评估最终模型的准确度(验证数据集)。

训练过程中，模型并没有遇到过验证数据集中的数据，所以利用验证数据集可以评估出模型的准确度。这个准确度越高，代表模型的泛化能力越强。

另外，这 3 个数据集还有分别对应的 3 个文件(标签文件)，用来标注每个图片上的数字是几。把图片和标签放在一起，称为"样本"。通过样本就可以实现一个有监督信号的深度学习模型。

相对应的，MNIST 数据集的标签是介于 0～9 之间的数字，用来描述给定图片里表示的数字。标签数据是"one-hot vectors"：一个 one-hot 向量，除了某一位的数字是 1 之外，其余各维度数字都是 0。例如，标签 0 将表示为([1, 0, 0, 0, 0, 0, 0, 0, 0, 0, 0])。因此，mnist. train. labels 是一个[55 000，10]的数字矩阵。

7.4.3　使用 TensorFlow 构建 KNN 分类器对 MNIST 数据集进行分类

在第 6 章，我们详细讨论了 KNN 分类器的原理和相应的代码实现。TensorFlow 中提供了非常便捷的各种 tensor 函数，我们可以非常快速地构建 KNN 分类器。其使用的易用性、移植性和在 GPU 上运行的高效性相对于 Matlab 有着非常大的优势。

我们来复习一下 KNN 算法。KNN 即 K 最近邻(K-Nearest Neighbor，KNN)分类算法，是一个理论上比较成熟的方法，也是最简单的机器学习算法之一。该方法的思路是：如果一个样本在特征空间中的 K 个最相似(即特征空间中最邻近)的样本中的大多数属于某一个类别，则认为该样本也属于这个类别，如图 7 - 17 所示。

图中，圆要被决定赋予哪个类，是三角形还是四方形？如果 $K=3$，由于三角形所占比例为 2/3，圆将被赋予三角形那个类，如果 $K=5$，由于四方形比例为 3/5，因此圆被赋予四方形类。

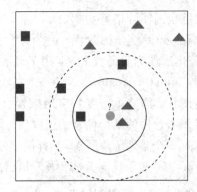

图 7-17　K 最邻近示意图

在进行计算时，KNN 表现为：

（1）获得所有的数据；

（2）对一个输入的点，找到离它最近的 K 个点（通过 L1 或 L2 距离）；

（3）对这 K 个点所代表的值，找出最多的那个类，则这个输入的数据就被认为属于那个类。

对 MNIST 数据的 KNN 识别，在读入若干个输入数据（和代表的数字）之后，逐个读入测试数据。对每个测试数据，找到离他最近的 K 个输入数据（和代表的数字），找出最多的代表数字 A。此时，测试数据就被认为代表数字 A。因此，使用 KNN 识别 MNIST 数据就可以化为求两个点（群）的距离的问题。

在本示例代码中，我们定义了两个函数，loadMNIST 和 KNN，分别用于读取 MNIST 数据集和构建 KNN 分类器。使用 TensorFlow 实现 KNN 对 MNIST 数据集训练和识别的代码如代码 7-13 所示。

代码 7-13　构建 KNN 分类器对 MNIST 数据集进行分析

```
import tensorflow as tf
import numpy as np
def loadMNIST():
    from TensorFlow. examples. tutorials. mnist import input_data
    mnist = input_data. read_data_sets("/data/", one_hot=True)
    return mnist
def KNN(mnist):
    train_x, train_y = mnist. train. next_batch(55000)
    test_x, test_y = mnist. validation. next_batch(5000)
    xtr = tf. placeholder(tf. float32, [None, 784])
    xte = tf. placeholder(tf. float32, [784])
    distance = tf. sqrt(tf. reduce_sum(tf. pow(tf. add(xtr, tf. negative(xte)), 2), reduction_
            indices=1))
    pred = tf. argmin(distance, 0)
    init =tf. global_variables_initializer()
```

```
        sess = tf. Session()
        sess. run(init)
        right = 0
        for i in range(5000):
            ansIndex = sess. run(pred, {xtr: train_x, xte: test_x[i, :]})
            print
            'prediction is ', np. argmax(train_y[ansIndex])
            print
            'true value is ', np. argmax(test_y[i])
            if np. argmax(test_y[i]) == np. argmax(train_y[ansIndex]):
                right += 1. 0
        accracy = right / 5000. 0
        print(accracy)
    if __name__ == "__main__":
    mnist = loadMNIST()
    KNN(mnist)
```

部分代码和函数解释如下：

（1）mnist. train. next_batch 和 mnist. validation. next_batch 中都调用了一个 next_batch 函数，其实是用来定义一个 batch 的大小。这是因为很多时候我们不需要完全使用整个数据集中的所有数据，而仅仅只需要随机选取部分数据构成一个新的数据集。MNIST 数据集规模非常庞大，很有可能会导致训练时间过长或者运行内存不足。在本代码中，我们选取了整个训练集中的 55 000 个数据和验证集中的 5000 个数据用于测试 KNN 的分类效果。当然你也可以将 batch 的大小范围进行灵活调整。

（2）tf. placeholder 函数，是定义一个函数的形参，大小为 784 位。这个函数是用来为每一个图片输入预留一个 input 的空间。

（3）distance = tf. sqrt(tf. reduce_sum(tf. pow(tf. add(xtr, tf. negative(xte)), 2), reduction_indices=1))，这句代码其实就是采用 L2 范数计算欧氏距离。

（4）tf. argmin，返回矩阵横列或者纵列的最小值的坐标，取决于第二个参数。

（5）tf. global_variables_initializer，初始化所有的变量。

（6）sess=tf. Session( )和 sess. run( )，开启一个会话，命名为 sess 并运行。

代码的运行结果不唯一，因为每次训练后模型参数并不一样。本次运行代码的结果为识别率是 97.62%。当然你可以调整相关参数或者更改模型构建方法，比如采用 L1 范数计算最邻近距离，调整 batch 的大小，看看识别率是否会产生变化。

7.5 深度学习

7.5.1 深度学习的概念

在开始介绍深度学习概念之前，首先介绍人工智能、机器学习和深度学习这三者之间的关系。

Artificial Intelligence，也就是人工智能，就像长生不老和星际漫游一样，是人类最美好的梦想之一。虽然计算机技术已经取得了长足的进步，但是到目前为止，还没有一台电脑能产生"自我"的意识。在人类和大量现成数据的帮助下，电脑可以表现得十分强大，但是离开了这两者，它甚至都不能分辨一个喵星人和一个汪星人。

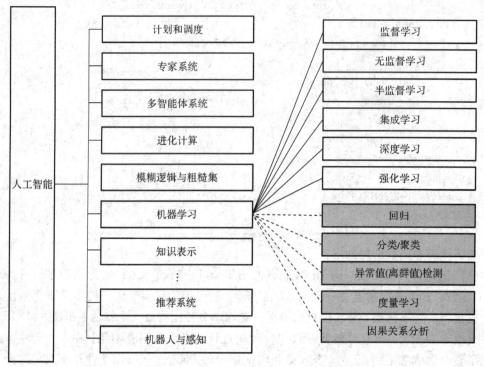

图 7-18　人工智能的分支

1. 机器学习——一种实现人工智能的方法

机器学习最基本的做法是使用算法来解析数据、从中学习，然后对真实世界中的事件做出决策和预测。与传统的为解决特定任务、硬编码的软件程序不同，机器学习是用大量的数据来"训练"，通过各种算法从数据中学习如何完成任务。举个简单的例子，当我们浏览网上商城时，经常会出现商品推荐的信息。这是商城根据你往期的购物记录和冗长的收藏清单，识别出这其中哪些是你真正感兴趣，并且愿意购买的产品。这样的决策模型，可以帮助商城为客户提供建议并鼓励产品消费。机器学习直接来源于早期的人工智能领域，传统的算法包括决策树、聚类、贝叶斯分类、支持向量机、EM、AdaBoost 等。从学习方法上来分，机器学习算法可以分为监督学习（如分类问题）、无监督学习（如聚类问题）、半监督学习、集成学习、深度学习和强化学习。传统的机器学习算法多应用于指纹识别、基于 Haar 的人脸检测、基于 HOG 特征的物体检测等领域，基本达到了商业化的要求或者特定场景的商业化水平，机器学习但每前进一步都异常艰难，直到深度学习算法的出现。

2. 深度学习——一种实现机器学习的技术

深度学习本来并不是一种独立的学习方法，其本身也会用到监督学习和无监督学习的方法来训练深度神经网络。由于近几年该领域发展迅猛，一些特有的学习手段相继被提出（如残差网络），因此越来越多的人将其单独看作一种学习方法。最初的深度学习是利用深度神经网络来解决特征表达的一种学习过程。深度神经网络本身并不是一个全新的概念，可大致理解为包含多个隐含层的神经网络结构。为了提高深层神经网络的训练效果，人们对神经元的连接方法和激活函数等方面进行了相应的调整。早年间也曾有过不少想法，但由于当时训练数据量不足、计算能力落后，最终的效果都不尽如人意。近年来深度学习摧枯拉朽般地实现了各种任务，使得似乎所有的机器辅助功能都变为可能，无人驾驶汽车、预防性医疗保健等都近在眼前或者即将实现。

7.5.2　人工智能的三起三落[①]

1. 黄金时期(1956—1974 年)

1956 年的达特茅斯会议后的十几年被称为黄金时期，是人工智能的第一次高潮。当时很多人持有乐观情绪，认为经过一代人的努力，创造出与人类具有同等智能水平的机器并不是个问题。1965 年，Herb Simon 就曾乐观地预言："二十年内，机器人将完成人能做到的一切工作。"在这十年里，包括 ARPA 在内的资助机构投入大笔资金进行 AI 研究，希望制造出具有通用智能的机器。

2. AI 严冬(1974—1980 年)

到了 20 世纪 70 年代，人们发现 AI 并不像预想的那么万能，只能解决比较简单的问题。这其中有计算资源和数据量的问题，也有方法论上的问题。当时的 AI 以逻辑演算为基础，试图将人的智能方式复制给机器。一些研究者开始怀疑用逻辑演算模拟智能过程的合理性。不依赖逻辑演算的感知器模型被证明具有严重的局限性，这使研究者更加心灰意冷。AI 研究在整个 20 世纪 70 年代进入严冬。

3. 短暂回暖(1980—1987 年)

到了 20 世纪 80 年代，人们渐渐意识到通用 AI 过于遥远，人工智能首先应该关注受限任务。这一时期发生了两件重要的事情：一是专家系统(Expert System)的兴起，二是神经网络(Neural Net)的复苏。这两件事事实上都脱离了传统 AI 的标准方法，从抽象的符号转向更具体的数据，从人为设计的推理规则转向基于数据的自我学习。

4. 二次低潮(1987—1993 年)

20 世纪 80 年代后期到 90 年代初期，人们发现专家系统依然存在很大问题，知识的维护相当困难，新知识难以加入，老知识互相冲突。同时，日本雄心勃勃的"第五代[工程]计算机"也没能产生有价值的成果。人们对 AI 的投资再次削减，AI 再次进入低谷。

5. 务实与复苏(1993—2010 年)

经过 20 世纪 80 年代末和 90 年代初的反思，一大批脚踏实地的研究者脱去 AI 鲜亮的外衣，开始认真研究特定领域内特定问题的解决方法，如语音识别、图像识别、自然语言处理等。这些研究者并不在意自己是不是在做 AI，也不在意自己从事的研究与人工智能的关系。他们努力将自己的研究建立在牢固的数学模型基础上，从概率论、控制论、信息论、数值优化等各个领域吸取营养，一步步提高系统的性能。

---

① 参考《人工智能》，王东等著，清华大学出版社。

6. 迅猛发展(2011 年至今)

人工智能再次进入大众的视野是在 2011 年。这一年苹果发布了 iPhone4S,其中一款称为 Siri 的语音对话软件引起了公众的关注,重新燃起了人们对人工智能技术的热情。从技术上讲,这次人工智能浪潮既源于过去十年研究者在相关领域的踏实积累,同时也具有崭新的元素,特别是大数据的持续积累,以深度神经网络(Deep Neural Net,DNN)为代表的新一代机器学习方法的成熟,以及大规模计算集群的出现。这些新元素组合在一起,形成了聚合效应,使得一大批过去无法解决的问题得以解决,实现了真正的成熟落地。可以说,当前的人工智能技术比历史上任何一个时代都更加先进和成熟。

7.5.3 神经网络

深度学习是一类机器学习模型的统称,它包含了多种模型,比如卷积神经网络、自动编码器、稀疏编码等。

在了解深度学习之前,首先需要了解一下什么是神经网络。神经网络是一组粗略模仿人类大脑,用于模式识别的算法。神经网络这个术语来源于这些系统架构设计背后的灵感,这些系统是用于模拟生物大脑自身神经网络的基本结构,以便计算机能够执行特定的任务。

和人类一样,AI 价格评估也是由神经元(圆圈)组成的。此外,这些神经元还是相互连接的,如图 7-19 所示。

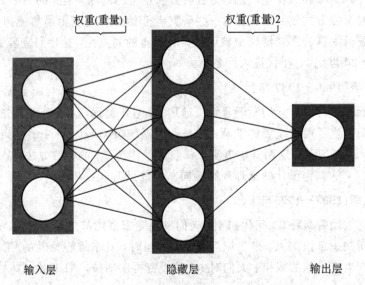

图 7-19 神经网络模型概述图

神经元分为三种不同类型的层次:输入层、隐藏层和输出层。我们来看这样一个问题:在一些西方国家,公交汽车的票价并不是固定的,每天的票价会随着日期发生变化,同时不同站点的距离不同,故公交车的票价也会不尽相同。现在,我们需要根据已有的历史数据,来预测当日或者某日公交车的票价。已有的数据包含以下四种类型:出发站信息、目的地站信息、出发日期信息和公交汽车公司信息,我们需要根据这些数据,来完成我们需要的预测。解决这个问题,我们可以用神经网络作为工具。

输入层接收输入数据。在上例中,输入层有四个神经元,每个神经元分别对应一种数据：出发站、目的地站、出发日期和公交汽车公司。输入层会将输入数据传递给第一个隐藏层。隐藏层对输入数据进行数学计算。创建神经网络的挑战之一是决定隐藏层的数量，以及每一层中的神经元的数量。人工神经网络的输出层是神经元的最后一层，主要作用是为此程序产生给定的输出，在上例中输出结果是预测的车票价格。

神经元之间的每个连接都有一个权重，这个权重表示输入值的重要性（也有将"权重"称为"重量"）。神经网络模型所做的就是学习每个元素对价格的贡献有多少，这些"贡献"就是在模型中的权重。一个特征的权重越高，说明该特征比其他特征越重要。比如，在预测公交票价时，出发日期和车辆班次都是影响票价的重要因素，但是出发日期的影响更大。如图 7-20 所示，输入层中的数字为量化后的出发日期和车辆班次的值，我们可以看到神经网络会为出发日期的神经元分配更大的"权重"以体现其重要性。

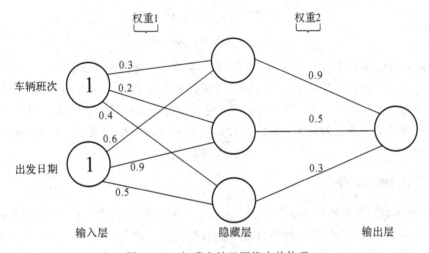

图 7-20 权重在神经网络中的体现

每个神经元都有一个激活函数，它主要是一个根据输入传递输出的函数。当一组输入数据通过神经网络中的所有层时，最终通过输出层返回输出数据。同时为了提高"AI 价格评估"的精度，需要将其预测结果与过去的结果进行比较，为此，我们需要两个要素：较强的计算能力、大量的数据。训练 AI 的过程中，重要的是给它的输入数据集（一个数据集是一个单独的或组合的或作为一个整体被访问的数据集合），此外还需要对其输出结果与数据集中的输出结果进行对比。因为 AI 一直是"新的"，它的输出结果有可能是错误的。

对于这个公交票价模型，我们必须找到过去票价的历史数据。由于有大量"车辆班次"和"出发日期"的可能组合，因而需要一个非常大的票价清单。一旦我们偏离了整个数据集，就有可能需要创建一个函数来衡量 AI 输出与实际输出（历史数据）之间的差异。这个函数叫做成本函数，即成本函数是一个衡量模型准确率的指标，衡量依据为此模型估计 X 与 Y 间关系的能力。

模型训练的目标是使成本函数趋向于零，即 AI 的输出结果与数据集的输出结果一致（成本函数等于 0）。那么我们如何做才能降低成本函数呢？可以使用一种叫做梯度下降的方法，这是一种求函数最小值的方法。梯度衡量的是函数的变化趋势，如果稍微改变一下输入值，看函数的输出值会发生多大的变化，利用这种方法可以获得成本函数的最小值。

梯度下降通过每次数据集迭代之后优化模型的权重来训练模型。如图 7-21 所示，在二维梯度下降过程中，最优权重位于曲线底部。我们通过对初始权重所在位置的曲线作切线即可得到其梯度，然后沿着梯度的负方向进行多次迭代，即可最终获得最优权重。

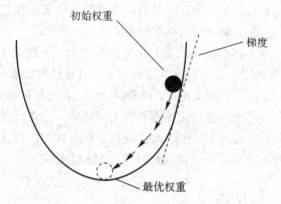

图 7-21 权重的梯度下降法迭代过程

　　神经网络和深度学习有着千丝万缕的联系。事实上，神经网络是进行深度学习研究所必须掌握的基础工具，我们通常将深度学习中使用的神经网络称为"深度神经网络"。深度学习中常用的一种经典的深度神经网络叫做"卷积神经网络"。那么，"卷积神经网络"和普通的"神经网络"又是什么关系呢？为什么对于常见的神经网络模型，我们不能将它们称为"深度神经网络"呢？下面我们将为大家逐一解答。

7.5.4　卷积神经网络

　　深度神经网络通常是指有很多神经元和隐藏层的神经网络。而卷积神经网络（Convolutional Neural Networks，CNN）则是一种特殊的深度神经网络，它是指一类包含卷积计算且具有深度结构的前馈神经网络（Feedforward Neural Network），是深度学习（deep learning）的代表算法之一。卷积神经网络具有表征学习（representation learning）的能力，能够按其阶层结构对输入信息进行平移不变分类（shift-invariant classification），因此也被称为"平移不变人工神经网络（Shift-Invariant Artificial Neural Networks，SIANN）"。

　　卷积神经网络是一种前馈神经网络，包括卷积层（Convolutional layer）和池化层（Pooling Layer），它的人工神经元可以响应一部分覆盖范围内的周围单元，对于大型图像处理有出色表现。图 7-22 简单描述了"全连接神经网络"和"卷积神经网络"的对比。

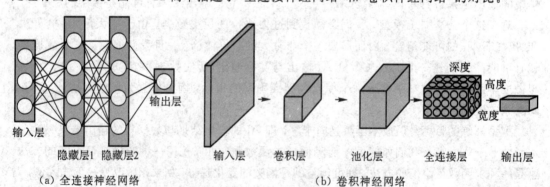

（a）全连接神经网络　　　　　　　　　　（b）卷积神经网络

图 7-22　全连接神经网络和卷积神经网络的对比

图 7-22(a)是一个双隐藏层的全连接神经网络，我们可以看出它是一个平面结构并且与前面所介绍的普通神经网络具有相似的网络结构，分为输入层、隐藏层、输出层。图 7-22 (b)中的卷积神经网络是立体且复杂的，大致可以分为五层：输入层、卷积层、池化层、全连接层、输出层。

这里我们单独介绍一下卷积神经网络中"卷积"的概念：卷积是指在原始的输入上进行特征提取。特征提取就是在原始输入上一个小区域一个小区域地进行特征的提取。图 7-23 所示描述了特征提取的过程。

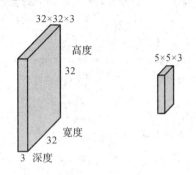

图 7-23　卷积层特征提取

在图像处理过程中我们要用到"深度"这个概念，图像中的深度是指存储每个像素所用的位数。假如说深度是 1，那么一个点只能是黑或白。在图 7-23 中，左边的大方块是输入层，输入一个尺寸为 32×32 的 3 通道图像。右边的小方块是 filter(图像过滤器)，尺寸为 5×5，深度为 3。将输入层划分为多个区域，用 filter 这个固定尺寸的助手在输入层做运算，最终会得到一个深度(通道数)为 1 的特征图。

特征是需要不断进行提取和压缩的，最终能得到比较高层次的特征，简言之就是对原来的特征进行一步又一步的浓缩，最终可得到更加可靠的特征。利用最后提取的特征可以执行各种任务：比如分类、回归等。如图 7-24 所示，卷积神经网络就是通过对低层特征进行多次压缩和提取进而得到高层次的特征，最终达到一个能够被分类器使用的效果。

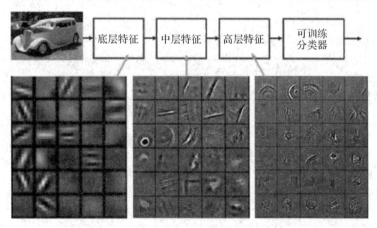

图 7-24　卷积神经网络的一些中间层输出

鉴于卷积神经网络的计算方法较为复杂，本书不做过多的介绍，读者知道卷积神经网络的使用方法即可。有兴趣的读者可以阅读 Ian Goodfellow 等撰写的《深度学习》一书(深度学习方面俗称"花书"的经典教材)进行进一步的学习和了解。

7.5.5　卷积神经网络在 MNIST 手写体数据集上的识别代码

之前研究过使用 TensorFlow 构建了 KNN 模型，用于 MNIST 的手写体识别。在这里，我们将使用 TensorFlow 构建一个 CNN 模型用于识别 MNIST，实现过程如代码 7-14 所示。

代码 7-14　构建 CNN 卷积神经网络对 MNIST 数据集进行分析

```
01 import tensorflow as tf
02 from tensorFlow. examples. tutorials. mnist import input_data
03 mnist = input_data. read_data_sets("/data/", one_hot＝True)

04 def weight_variable(shape):
05 initial = tf. truncated_normal(shape, stddev＝0.1)
06     return tf. Variable(initial)

07 def bias_variable(shape):
08     initial = tf. constant(0.1, shape＝shape)
09     return tf. Variable(initial)

10 def conv2d(x, W):
11    return tf. nn. conv2d(x, W, strides＝[1, 1, 1, 1], padding＝'SAME')

12 def max_pool_2x2(x):
13    return tf. nn. max_pool(x, ksize＝[1, 2, 2, 1],
14                          strides＝[1, 2, 2, 1], padding＝'SAME')

15 def max_pool_2x2(x):
16    return tf. nn. max_pool(x, ksize＝[1, 2, 2, 1],
17                          strides＝[1, 2, 2, 1], padding＝'SAME')

18 def avg_pool_7x7(x):
19    return tf. nn. avg_pool(x, ksize＝[1, 7, 7, 1],
20                          strides＝[1, 7, 7, 1], padding＝'SAME')

#   tf Graph Input 定义输入的数据维度大小和分类种类
21 x = tf. placeholder(tf. float32, [None, 784])    #   mnist data 维度 28 * 28 = 784
22 y = tf. placeholder(tf. float32, [None, 10])    #   数字 0 到 9 代表 10 类

23 W_conv1 = weight_variable([5, 5, 1, 32])
24 b_conv1 = bias_variable([32])
```

```
25 x_image = tf. reshape(x, [-1,28,28,1])


26 h_conv1 = tf. nn. relu(conv2d(x_image, W_conv1) + b_conv1)
27 h_pool1 = max_pool_2x2(h_conv1)


28 W_conv2 = weight_variable([5, 5, 32, 64])
29 b_conv2 = bias_variable([64])


30 h_conv2 = tf. nn. relu(conv2d(h_pool1, W_conv2) + b_conv2)
31 h_pool2 = max_pool_2x2(h_conv2)
################new
32 W_conv3 = weight_variable([5, 5, 64, 10])
33 b_conv3 = bias_variable([10])
34 h_conv3 = tf. nn. relu(conv2d(h_pool2, W_conv3) + b_conv3)


35 nt_hpool3 = avg_pool_7x7(h_conv3) #64
36 nt_hpool3_flat = tf. reshape(nt_hpool3, [-1, 10])
37 y_conv = tf. nn. softmax(nt_hpool3_flat)


38 cross_entropy = -tf. reduce_sum(y * tf. log(y_conv))
39 train_step = tf. train. AdamOptimizer(1e-4). minimize(cross_entropy)


40 correct_prediction = tf. equal(tf. argmax(y_conv,1), tf. argmax(y,1))
41 accuracy = tf. reduce_mean(tf. cast(correct_prediction, "float"))


#   启动 session
42 with tf. Session() as sess:
43     sess. run(tf. global_variables_initializer())
44     for i in range(20000): #20000
45         batch = mnist. train. next_batch(50) #50
46         if i%20 == 0:
47             train_accuracy = accuracy. eval(feed_dict={
48                 x: batch[0], y: batch[1]})
49             print("step %d, training accuracy %g"%(i, train_accuracy))
50         train_step. run(feed_dict={x: batch[0], y: batch[1]})

52     print("test accuracy %g"%accuracy. eval(feed_dict={
53         x: mnist. test. images, y: mnist. test. labels}))
```

以上代码的运行结果不唯一，因为每次训练后模型参数并不一样。当然我们可以调整相关参数或者更改模型构建方法，比如调节卷积层 conv2 和 conv3 的网络权重大小，以及调节池化层 hpool3 的相关参数，运行效果同样会有一定程度的改变。

本章小结

TensorFlow 是谷歌基于 DistBelief 进行研发的第二代人工智能学习系统,其命名来源于本身的运行原理,是一个采用数据流图(data flow graphs)用于数值计算的开源软件。

随着 TensorFlow 的开源,机器学习应用领域发生了广泛而重大的变化。人们可以使用 TensorFlow 快速构建曾经需要非常复杂才能实现的机器学习模型,同时也可以使工程师把更多的精力用在数据预处理和模型参数调整方面。这对于研究者和工程师而言,会节约大量的开发时间,同时也为人工智能的普及提供了一个非常良好的平台,为大数据集下的机器学习奠定了良好的科研和工程基础。

当然,TensorFlow 并非是机器学习或深度学习框架的唯一选择,但就目前而言它是普及度最高、生态最好(支持 GPU 加速)的机器学习框架之一。了解和掌握 TensorFlow 的基本用法,对未来从事科研和人工智能工程领域的学习者而言,能拥有一个良好的能力基础。

练习题

1. 请更改代码 7-10 中 KNN 的 TensorFlow 实现方法,使用 L1 范数来计算欧氏距离,并将其用于正则化,观察结果的不同。

2. 示例 4-5 测得 16 名女子的身高和腿长如下(单位:cm):

身高	143	145	146	147	149	150	153	154
腿长	88	85	88	91	92	93	93	95

身高	155	156	157	158	159	160	162	164
腿长	96	98	97	96	98	99	100	102

试使用 TensorFlow 的线性回归研究这些数据之间的关系。

3. 请使用 TensorFlow 中的 KNN 实现对 IRIS 数据集的分析,数据导入代码如代码 7-15 所示。

代码 7-15　使用 TensorFlow 导入 IRIS 数据集参考代码

```
01   from sklearn. datasets import load_iris
02   iris = load_iris()
03   iris. data. shape
```

4. 请使用 TensorFlow 中的 CNN 实现对 IRIS 数据集的分析

5. 手动调整第 4 题中 CNN 中的参数,如"weight_variable""bias_variable"等,找出一个性能优于原参数中的参数结果。